KREISLÄUFE DES KLIMAWANDELS

MIX
Papier aus verantwor-
tungsvollen Quellen
FSC® C083411

© 2021 Mind & Life Institute
Erschienen in der edition a, Wien
www.edition-a.at

Cover: Bastian Welzer
Satz: Bastian Welzer
Grafiken: Bastian Welzer
Fotos: Mind & Life Institute

Gesetzt in der Premiera
Gedruckt in Deutschland

1   2   3   4   5   —   24   23   22   21

ISBN 978-3-99001-529-2

DALAI LAMA
GRETA THUNBERG
im Gespräch mit führenden Wissenschaftlern:

KREISLÄUFE DES KLIMAWANDELS

Wie Klima Feedback Loops die Welt zerstören oder retten werden

edition a

»Wir Menschen sind unter den Spezies
auf diesem Planeten die einzige, die auf
vielfältige Weise und im großen Stil gute
Dinge hervorbringen kann.«

Dalai Lama

INHALT

VORWORT

Am frühen Morgen des 10. Januar 2021 (am Abend des 9. Januar in der westlichen Hemisphäre) haben fast eine Million Zuseherinnen und Zuseher rund um die Welt eingeschaltet, um das erste Live-Gespräch zwischen Seiner Heiligkeit dem Dalai Lama und der Klimaaktivistin Greta Thunberg zu verfolgen. Das Gespräch wurde vom indischen Dharamsala aus, der Exil-Heimat Seiner Heiligkeit, ausgestrahlt. Greta Thunberg schaltete sich von ihrem Zuhause in Stockholm, Schweden, aus dazu, wenige Stunden nach Mitternacht ihrer Zeit.

Die Veranstaltung richtete das *Mind & Life Institute* aus, eine Organisation, die der Dalai Lama vor dreißig Jahren mitbegründet hat. Im Zentrum standen die *Klima-Feedback-Loops*.

Wie so oft bei den Projekten, die dem Dalai Lama eine Herzensangelegenheit sind, gab es viel zu erreichen, und es gab vieles zu sagen bei diesem Gespräch zwischen dem 86 Jahre alten tibetanischen Oberhaupt des Buddhismus und dem 18 Jahre alten Mädchen, das den Mächtigen dieser Welt die Wahrheit sagt. Es waren auch KlimaforscherInnen anwesend, um diesen beiden berühmten, furchtlos wissbegierigen Menschen und uns diese Wissenschaft zu erklären. Über den gebotenen Informationsgehalt hinaus hat sich noch mehr ereignet.

Die Tatsache, dass Seine Heiligkeit der Dalai Lama und Greta
Thunberg zusammengekommen sind und über die größte
Herausforderung, vor der die Welt jemals stand,
gesprochen haben, machte uns Hoffnung.

Weder eine Person noch zwei Menschen noch eine ganze Gruppe hat die Lösung für dieses Problem. Diese beiden Menschen jedoch sind an jenem Tag oder in jener Nacht, je nachdem, in welcher Zeitzone Sie sich befinden, übereingekommen, dass wir alle siebeneinhalb Milliarden Menschen zusammen die Lösung haben. Die Antwort auf diese Krise nämlich besteht im Miteinander der Menschen. Es ist keine Neuigkeit, dass der Dalai Lama und Greta Thunberg ein Interesse an den Ursachen der Erderwärmung und der Zukunft unseres Planeten haben, doch so wie die Antwort auf ein kompliziertes Rätsel oft »zwischen den Zeilen« steht, so könnten wir im Gespräch der beiden miteinander und mit den führenden Klimaforschern den Anfang eines neuen Wegs für die Menschheit entdecken. Eines Wegs, auf dem wir lernen, vier Schlüsselelemente zu verbinden: Wissen, Können, Wille und Tatkraft. Dies, um jetzt zu leben für eine Zukunft, die wir lieben können, anstatt sie zu fürchten.

Wie könnt ihr es wagen?

Das fragte Greta Thunberg bei ihrem Weckruf an die Vereinten Nationen 2019. Ihr Tonfall im Gespräch mit dem Dalai Lama und den Wissenschaftlern war anders, wie sie bescheiden zugab, doch ihre Dringlichkeit ist umso stärker.

Denn es ist ein Gespräch, das wir alle führen müssen, eine Frage, auf die wir alle antworten müssen.

Wie, ja wie können wir es wagen?

Werden wir es wagen, aufzuwachen?

Werden wir es wagen, wie der Dalai Lama sagte, unser Denken zu verändern, und damit alle Prioritäten in unserem Leben?

Werden wir es wagen, hinzusehen, wie Greta es formulierte, genau zu sehen, was geschieht, als Folge dessen, wie wir uns bisher verhalten haben, und werden wir es wagen, unser Verhalten zu verändern?

Wie können wir es, mit all den Erkenntnissen, die uns die Wissenschaft bietet, wagen, uns nicht zu ändern?

Dieses Buch wird uns dabei helfen, diese Fragen gemeinsam zu beantworten, zusammen einen Schritt vom Abgrund tiefster Zerstörung zurückzutreten und die Welt zu heilen und neu aufzubauen, um sie wieder für alle Menschen und die zahllosen anderen Wesen, denen die Erde ein Zuhause ist, zu einem lebenswerten Ort zu machen.

Vor Jahrzehnten, als der Dalai Lama das erste Mal über die Bedeutung des Umweltbewusstseins sprach, lenkte er die Aufmerksamkeit auf einen spezifischen Aspekt des Problems, der es für uns Menschen so schwer macht, die aufkommende Bedrohung zu begreifen. Anders als Krieg, dessen Auswirkungen offensichtlich und unmittelbar sind, sind die Folgen der voranschreitenden Umweltzerstörung der alltäglichen menschlichen Wahrnehmung verborgen. Er warnte davor, dass es bereits zu spät sein könnte, wenn wir warten, bis die Auswirkungen deutlich erkennbar sind.

Der Dalai Lama setzte sich dafür ein, dass wir das Prinzip der Interdependenz, also der gegenseitigen Abhängigkeit, ernst nehmen, damit wir die komplexen Kausalzusammenhänge zwischen menschlichem Verhalten und dessen Folgen für die Umwelt besser erkennen. Klimaforscher legen die grundlegende Tatsache der Interdependenz auf eindrückliche Weise dar, insbesondere mittels der Klima-Feedback-Loops, dem Thema dieses Buchs.

Die gute Nachricht lautet, dass Feedback-Loops sich so, wie sie sich jetzt in einer negativen Abwärtsspirale drehen, auch in eine positive Richtung entwickeln könnten.

Die Einsicht, dass die Pfeile dieses Kreislaufs in gegensätzliche Richtungen weisen können, zur Zerstörung ebenso wie zur Heilung, birgt ein machtvolles Versprechen sowie Hoffnung für die Zukunft unseres Planeten und aller Wesen, die er beherbergt.

Es wird heute von Tag zu Tag deutlicher, dass unser Planet vor etwas weitaus Dramatischerem und Gefährlicherem steht, als wir Menschen es jemals zuvor gesehen oder erlebt haben. Extreme Wetterereignisse sind nichts Neues, ihre rasante Wiederkehr und ihre katastrophalen Ausmaße jedoch sind alarmierend: die zerstörerischen Brände in Sibirien, Australien, Kalifornien und Kanada, die unerbittliche Hitze, die zu Krankheiten und Tod geführt hat, Wirbelstürme, Tornados, Überflutungen und Dürren. Die Nachrichten über wetterbedingte Naturkatastrophen erreichen uns so schnell, dass wir angefangen haben, fast jede Woche, wenn nicht gar jeden Tag mit einer neuen Katastrophe auf der Welt zu rechnen.

Das Problem mit dem permanenten Tröpfeln dramatischer Nachrichten ist, dass sie sich allmählich normal anfühlen können. Wir sehen die Nachrichten, aber wir »sehen« sie nicht wirklich. Wir hören von einer Schlammlawine, die eine Ortschaft zerstört, und wir schütteln fassungslos den Kopf, doch das Ausmaß des Leids ist zu groß, um es zu ertragen, also wenden wir uns ab. Es ist nicht so, als ob es uns nicht berühren würde. Wir fühlen uns nur zu hilflos, um irgendetwas zu tun. Wir stellen in unserem Inneren nicht den Zusammenhang her, dass dies alles etwas mit uns zu tun hat, dass wir alle auf eine gewisse Weise damit verbunden sind, dass es bereits Menschen gibt, die etwas dagegen tun und dass wir auch selbst etwas tun können, wenn wir dem Ruf folgen.

Vielleicht fühlt es sich an, als würde das nur »anderen Menschen« weit weg widerfahren. Vielleicht scheint es so, als würde das Drama erst in der Zukunft geschehen und wir hätten noch Zeit, uns zu ändern. Vielleicht fürchten wir auch, dass, wenn wir es zulassen, das Leid in der Welt zu empfinden, wir verzweifeln oder es uns lähmt. Wie würden wir es schaffen, morgens aufzustehen, wenn wir wirklich den Verlust und den Schmerz von zahllosen Menschen, Tieren und der Umwelt um uns herum spüren würden? Es liegt nicht in unserer Hand, oder?

Viele von uns tun, was sie können. Sie recyceln, unterstützen politische Kandidaten, die sich für die Umwelt einsetzen, bereiten sich vielleicht sogar mit Solarpanelen auf dem Dach auf eine unsichere Zukunft vor, kaufen Elektroautos oder nehmen sich vor, sich verstärkt pflanzlich zu ernähren. Das alles ist vorbildlich, aber die Realität des Klimanotstands sucht uns trotzdem heim, und mit einem Mal fühlt sich das, was wir tun, mickrig an im Vergleich zum riesigen Ausmaß der düsteren Vorhersagen von steigenden Meeresspiegeln und schmelzenden Polkappen.

Es hat schon immer Menschen in der Welt gegeben, die sich bereitwillig den scheinbar unüberwindbaren Herausforderungen stellen und ihr eigenes Wohl zugunsten anderer aufs Spiel setzen oder opfern. Diese Menschen sehen sich Leid, Ungerechtigkeit und Gefahren gegenüber und laufen darauf zu, um Alarm zu schlagen, einen strukturellen Wandel zu entfachen oder um andere aus den Klauen dieser Gefahren zu retten.

Sie sind unsere Helden, unsere Heiligen, unsere Anführer, die die Integrität und den Mut haben, den Status quo herauszufordern und diejenigen zu enttarnen, die uns Schaden zufügen möchten. In der Buddhistischen Tradition werden diese Menschen »Bodhisattvas« genannt – Menschen, die die Welt so sehen, wie sie ist, und die bereit sind, alles Notwendige zu tun, um jedes Wesen, egal wie klein oder groß, von seinem Leid zu befreien. Es heißt, sie würden niemals jemanden aufgeben. Wenn wir ihre Geschichten hören oder sie bei ihrer Arbeit sehen, dann geht uns das Herz auf.

Es heißt, dass wir alle als »Bodhisattvas« geboren werden, dass jeder Einzelne von uns dieses »Gen« hat, den Funken, der uns dazu bringt, unsere größten Taten für andere und für die Welt zu vollbringen.

Das ist es, was es uns ermöglicht, Trauer zu fühlen, wenn wir den Schmerz von Eltern sehen, die ein Kind verloren haben, ob wir sie nun persönlich kannten oder nicht. Das ist es, was uns dazu bringt, in einen reißenden Fluss zu springen, um jemanden vor dem Ertrinken zu retten. Dieser Funke ist in jedem von uns. Um den Zeiten, in denen wir uns heute befinden, gerecht zu werden, um millionenfach Flucht, Leid, Tod oder Aussterben zu verhindern und unseren Planeten für unsere Kinder bewohnbar zu hinterlassen, müssen wir diesen Funken entfachen. Durch Inspiration, Bildung und Miteinander.

Sogar trotz der düsteren Vorhersagen unserer KlimaforscherInnen und den beängstigenden Wetterextremen, die wir erleben, gibt es einen Weg nach vorne. Diesen Weg haben für uns zwei Menschen beleuchtet, deren inneres Licht Millionen um sie herum wärmt und die Welt erhellt, Seine Heiligkeit der Dalai Lama und die Umweltaktivistin Greta Thunberg.

Als sie bei jener Begegnung über die Klimakatastrophe sprachen, kam es am Ende zu einer der unwiderstehlichsten Einladungen, sich zu bessern, die die Menschheit jemals erhalten hat: die Einladung, unsere angeborene Güte einzuschalten, die Welt um uns herum, ob nah oder fern, klarer zu sehen, zusammenzuarbeiten und uns gemeinsam dem Wandel zu verschreiben.

Von wissenschaftlicher Seite aus haben das Gespräch wie gesagt zwei renommierte Klimaforscher bereichert, Susan Natali und William Moomaw, die zu einer anderen Kategorie moderner Helden gehören. Seit Jahren schlagen Klimaforscher wie sie Alarm und wurden mundtot gemacht und sogar bedroht, dafür, dass sie unnachgiebig die Wahrheit verbreiteten.

Eine herausragende Eigenschaft sowohl von Susans als auch Williams Arbeit besteht darin, dass sie, zusätzlich zu ihren Forschungen über die Entwicklung der Klimakrise, herausarbeiten, wie wir der Natur helfen können, ihr unfassbares Potenzial zur Selbstheilung zu entfalten. Bei der Veranstaltung liefen auch einige Kurzfilme, nachzusehen unter *feedbackloopsclimate.com*.

Sie zeigen die neuesten Erkenntnisse darüber, was den Klimanotstand vorantreibt und welche Rolle Feedback-Loops bei der Beschleunigung der Erderwärmung spielen. Sie zeigen, warum wir uns als Folge unseres Ressourcenmissbrauchs bereits an einem Punkt befinden, ab dem die Erde sich selbst erwärmt, auch ohne unser weiteres Zutun.

Die wenigsten Menschen wissen das, doch unter Experten sorgt das für schlaflose Nächte. Trotzdem besteht Hoffnung. Die Forschungen zeigen, dass sich die Klima-Feedback-Loops, wenn wir alle entschlossen gemeinsam handeln und zusammenarbeiten, rückgängig machen lassen, wodurch sich der Planet wieder abkühlen würde.

Die Feedback-Loops sind der Grund, warum wir jetzt anfangen müssen, für eine Zukunft zu leben, die wir lieben können, nicht erst, wenn es schon zu spät ist.

Im Gespräch zwischen dem Dalai Lama, Greta und den Wissenschaftlern ging es auch darum, was der Buddhismus (beziehungsweise, wie Seine Heiligkeit sagt, die säkulare Ethik) uns lehrt, damit wird Zusammenhänge herstellen können und verstehen, dass wir nicht der Mittelpunkt des Universums, sondern alle miteinander und mit der Erde verbunden sind. So wird auch verständlich, warum wir uns in Nordamerika für die Arktis interessieren müssen, warum ein Mädchen in Skandinavien sich dazu bewegt fühlt, etwas gegen die Zerstörung des Amazonas zu tun, inwiefern das Leben von uns Menschen davon abhängt, was mit Mikroben im schmelzenden Permafrost geschieht und warum wir alle damit anfangen sollten, Bäume zu pflanzen und zu schützen. Auf Einladung dieser zwei inspirierenden Vordenker haben Millionen von uns an diesem Gespräch teilgenommen. Mit diesem Buch möchten wir noch mehr Millionen dazu bewegen, zu verstehen, warum wir weiter miteinander sprechen und gleichzeitig zulassen müssen, uns und unser Verhalten zu verändern.

Wir glauben, dass diese beiden herausragenden Persönlichkeiten alles das verkörpern, was wir benötigen, um die vor uns liegenden Herausforderungen zu bewältigen. Wie Greta sagte, haben »wir bereits alle Fakten und Lösungen«, die wir benötigen. Und wie der Dalai Lama sagte, muss sich »unsere Art zu denken neu ausrichten«. Das ist etwas, das er bereits sein ganzes Leben lang betonte:

Veränderungen beginnen damit, dass wir sehen, was wirklich ist, anstatt zu sehen, was wir gerne sehen würden.

Aus diesem Grund ging jedem, der diese Veranstaltung miterlebte, das Herz auf.

Die Antworten auf die vielfachen Herausforderungen, vor denen wir heute stehen, existieren bereits.

Aufgrund der enormen Arbeit, die Wissenschaftler bisher geleistet haben, können wir nicht mehr behaupten, wir hätten nichts gewusst, wenn es einmal wirklich zu spät sein sollte. Zum Glück zeigt die Wissenschaft auch immer detailreicher, wie wir gemeinsam als Menschen handeln müssen, wenn wir diese Herausforderung bewältigen wollen.

Dank der kraftvollen Stimmen wie jener Greta Thunbergs, die zu dringendem gemeinsamen Handeln aufrufen, ist der Kampf gegen den Klimawandel heute eine Bewegung aus der Mitte der Gesellschaft geworden. Sie ruft die Nationen der Welt dazu auf, zusammenzukommen und diese Herausforderung gemeinsam anzugehen.

Der Dalai Lama appelliert an unser kollektives Gewissen und fordert uns auf, unsere gemeinsame Menschlichkeit anzunehmen und aufrichtiges Mitgefühl für die künftigen Generationen zu empfinden. Dies mit einem verstärkten Verständnis dafür, dass das Wohl aller Wesen, die diesen zerbrechlichen blauen Planeten gemeinsam bewohnen, eng miteinander verwoben ist. Dieser Appell zeigt, dass wir, wenn wir den Willen dazu entwickeln, diese Krise überwinden können. Dass wir, wenn wir uns jetzt anstrengen, auch in Zukunft noch einen Planeten haben, auf dem wir leben können.

Den Anfang des Buches macht eine Einführung von Diana Chapman Walsh (der Moderatorin der Veranstaltung vom 10. Januar) und Barry Hershey (Produzent der genannten Feedback-Loop-Filme). Sie erläutern den Hintergrund zur Entstehung des Gesprächs mit dem Dalai Lama und Greta.

Danach folgen Gedanken von Seiner Heiligkeit und Greta, die sie auch bei diesem besonderen Gespräch mitgeteilt haben. Anschließend wird die Wissenschaft der Feedback-Loops anhand vierer leicht verständlicher Beispiele erläutert, basierend auf den Präsentationen der Wissenschaftler während der Veranstaltung und der Filme.

Wenn Sie dieses Buch lesen, sind Sie Teil einer Bewegung geworden. Denn von der Stärke dieser Vorkämpfer für die Erde inspiriert, möchten wir die Diskussion rund um die

Klimakrise grundlegend verändern und damit die Voraussetzungen für einen Kurswechsel schaffen.

Dafür stellen wir Ihnen nur das Beste vom Besten aus Theorie und Praxis zur Verfügung, um den Helden oder die Heldin in Ihnen zu erwecken. Wir können gemeinsam diese Welt noch schöner machen, als wir es uns derzeit vorstellen können. Wenn wir beweisen, dass wir diese Krise meistern können, werden wir eine Welt voller Güte, Herzlichkeit, Schönheit und Überfluss erblicken. Eine Welt, die wir gerne und voller Stolz an die jüngeren Generationen nach uns weitergeben werden.

Susan Bauer-Wu und Thupten Jinpa
im September 2021

Susan Bauer Wu, Präsidentin des *Mind & Life Institute,* bemüht sich seit Jahren darum, Wissenschaft und philosophische Ansätze miteinander zu verbinden, um sowohl ein Bewusstsein, als auch Lösungsansätze für die Herausforderungen der Gegenwart zu schaffen.

Thupten Jinpa, langjähriger Begleiter und Übersetzer des Dalai Lama, widmet sein Leben der kontemplativen Weisheit. Neben seiner Ausbildung zum Mönch studierte er außerdem Philosophie und Religionswissenschaft und nutzt die daraus gezogenen Erkenntnisse, um sich für Mitgefühl und den respektvollen Umgang miteinander und mit der Erde einzusetzen.

EINLEITUNG

Von Diana Chapman Walsh* und Barry Hershey**

Dies ist die Geschichte eines besonderen Treffens. Eines bloßen Augenblicks. Und es ist ein besonderer Versuch, Alarm zu schlagen.

Es war die erste, virtuelle, persönliche Begegnung zwischen zwei welthistorischen Figuren. Beide stellen sich einer drohenden Katastrophe, beide bewundern die Bemühungen des anderen, die Menschheit zu wirksamen Maßnahmen zu bewegen, solange noch Zeit ist.

Am 10. Januar 2021 haben Seine Heiligkeit der Dalai Lama und die schwedische Klimaaktivistin Greta Thunberg Menschen aus allen Zeitzonen zusammengebracht, bei Licht und Dunkelheit rund um diesen wunderschönen Planeten. Zwei moralische Führer von zwei Enden des Altersspektrums, der eine aus dem Osten, die andere aus dem Westen, zwei Visionäre, die die Zukunft sehen und die Menschheit zum Handeln aufrufen. Beide leben mit der Dringlichkeit des Klimanotstands. Beide wollen darüber sprechen. Beide rufen uns zu unserem besseren Selbst auf. Dieses virtuelle Treffen hat ihre Stimmen vereint und der Fokus dabei war klar: die Wissenschaft der Klima-Feedback-Loops.

Das Gespräch hatte einen einzigen Zweck. Alle, die als Zuhörer daran teilnahmen, sollten es verändert verlassen.

Verändert durch zwei Worte. Das eine hören wir oft, das andere seltener: Notfall und Möglichkeit. Hinter diesen beiden Worten stehen zwei andere. Feedback-Loops.

Wissenschaftler machen sich ständig Sorgen über diese Rückkopplungsschleifen, aber die Öffentlichkeit, die Politiker, die Medien und andere Machthaber sind sich ihrer meist nicht bewusst. Das Gespräch hatte den Sinn, diese Feedback-Loops zu zeigen und verständlich zu machen, was sie bewirken.

Ihretwegen befinden wir uns in einer Notlage. Jetzt. Aber die in ihnen gefangenen Kräfte der Natur sind auch, und hier besteht die Möglichkeit, ein entscheidender Teil der Lösung. Wir benötigen sie, um die globale Erwärmung zu verlangsamen und sogar umzukehren. Wir müssen und können diese Kräfte wieder in ein natürliches Gleichgewicht bringen. Dazu müssen wir handeln, und zwar jetzt.

Drei weitere Teilnehmer teilten sich den Bildschirm mit Seiner Heiligkeit und Greta Thunberg. Diana Chapman Walsh, Co-Autorin dieser Einleitung, moderierte das Gespräch. Dazu kamen zwei amerikanische Wissenschaftler. Sie waren an der Erstellung eines neuen Dokumentarfilms beteiligt, der bei dem Treffen erstmals gezeigt wurde. Der andere Autor dieses Kapitels, Barry Hershey, hat den Film produziert. Die Herausgeber dieses Buches waren ebenfalls vor Ort und überwachten die Veranstaltung. Susan Bauer-Wu, Präsidentin des *Mind & Life Institute* (*MLI*), und Thupten Jinpa, Vorsitzender des *MLI*-Vorstands und langjähriger englischer Übersetzer Seiner Heiligkeit.

Ein großes Unbehagen

Starke gesellschaftliche Kräfte waren zu Beginn des Jahres 2021 im Spiel und bildeten die Kulisse für diese Begegnung. Die COVID-19-Pandemie verbreitete weltweit Leid und Tod und verursachte massive Störungen in allen Bereichen der Gesellschaft. Darüber hinaus erlebten viele Nationen eine schmerzhafte und dennoch aufrüttelnde Reaktion auf die Grausamkeiten, den Verrat und die Ungerechtigkeiten, die wir Menschen einander zufügen, zu oft aufgrund von Hautfarbe, ethnischer Zugehörigkeit oder Besitz. Darüber hinaus war am 25. Mai 2020 mit der Ermordung von George Floyd durch die Polizei in Minneapolis ein Funke übergesprungen. Demonstranten gingen in vielen Ballungsräumen der USA und auf der ganzen Welt auf die Straße. Dann, nur drei Tage vor der Begegnung, am 6. Januar 2021, überfiel ein Mob, der das Ergebnis der US-Präsidentschaftswahl kippen wollte, das Kapitol in Washington.

Gleichzeitig verbreitete sich als Folge der Intensität und der Ausmaße der COVID-19-Krise die Hoffnung, wir Menschen könnten uns und unsere Verhaltensmuster womöglich schnell ändern, wenn wir davon überzeugt wären, dass wir keine andere Wahl haben. Was umso wichtiger war, als die wissenschaftlichen Erkenntnisse mittlerweile unwiderlegbar gemacht haben, dass sich die Weltgemeinschaft angesichts der Klimanotlage viel schneller und radikaler ändern muss, als es bisher möglich schien.

*Die Zukunft allen Lebens auf dem Planeten Erde befindet sich in
unmittelbarer Gefahr. Entscheidungen, die wir jetzt und in
den nächsten zehn Jahren treffen, werden für Jahrhunderte,
sogar Jahrtausende Konsequenzen haben.*

Das ist schwer zu akzeptieren. Deshalb sehen wir lieber
weg. Wie lenken uns lieber ab. Wir geben uns falschen Hoffnungen hin. Hinzusehen erfordert Mut. Würden wir tief in
die Bedrohungen unseres einzigen Zuhauses schauen und
sie wirklich begreifen, wäre es unsere einzige Option, uns
sofort grundlegend und weitreichend zu verändern.

Die Reaktion der Erde auf die globale Erwärmung durch
die Emissionen fossiler Brennstoffe beschleunigt dramatisch den Anstieg der Temperatur in Zyklen, die drohen, außer Kontrolle zu geraten. Das ist das Problem. Die Lösung?
Wenn wir mit Dringlichkeit und Intelligenz zusammenarbeiten, können wir Emissionen reduzieren und dazu beitragen, die besten Technologien der Natur zu erneuern, um
Kohlenstoff dort zu speichern, wo er hingehört: im Boden.

Eine historische Begegnung:
Seine Heiligkeit der 14. Dalai Lama
und Greta Thunberg

Die Moderatorin eröffnete das Programm mit einer per-
sönlichen Begrüßung des Dalai Lama. Viele Jahre waren
vergangen, seit sie sich die beiden zum ersten Mal be-

gegnet waren, in den USA und in Dharamsala sowie in Mundgod, der tibetischen Siedlung im Süden Indiens. Zusammen mit dem *Mind & Life Institute* veranstaltet Seine Heiligkeit schon seit Jahrzehnten Dialoge zwischen Wissenschafts- und Weisheitstraditionen. Und manchmal erzählt er seine Geschichte. Wie er 1959 aus seiner Heimat Tibet vertrieben wurde und seither sein Volk im Exil führt. Ein Flüchtling, der alles zurücklassen musste, was er kannte, so wie es jetzt Klimaflüchtlinge tun müssen. Vierzig Millionen Menschen mussten bereits ihre Heimat verlassen, weil sie zur Wüste wurde, und bis 2050 könnten es bis zu eine Milliarde sein. Die Geschichte, die Seine Heiligkeit erzählt und die er mit Mut und Anmut gelebt hat, kann uns viel darüber beibringen, wie wir einander unterstützen können und wie wir unsere Menschlichkeit, auch in Zeiten der Dunkelheit, des Traumas und der Verzweiflung, bewahren können.

Für das von ihm vermittelte Bewusstsein der wechselseitigen Abhängigkeit zwischen dem Menschen und allen Lebewesen erhielt der Dalai Lama 1989 den Friedensnobelpreis. Er war der erste Preisträger, dessen Erkenntnisse die Arbeit zum Schutz der Umwelt hervorhoben. Das Nobelpreiskomitee betonte, dass er »seine buddhistische Friedensphilosophie auf der Ehrfurcht vor allen Lebewesen und der Idee einer universellen Verantwortung gründet, die Mensch und Natur umfasst«. Diese und verwandte Themen sind nun allgegenwärtige Lehren und Schriften, die sich auf der ganzen Welt verbreitet haben.

Bei der Veranstaltung im Januar 2021 betraf unsere erste Frage an Seine Heiligkeit seinen Brief, den er vor einiger Zeit an Greta geschickt hatte, und den Sie im folgenden Kapitel nachlesen können. Was hat ihn dazu inspiriert, Greta zu schreiben? Warum wollte er mit ihr in Kontakt treten, sie kennenlernen und wie sieht er die Bedeutung ihrer Arbeit für die Zukunft?

Nach seiner herzerwärmenden Reaktion begrüßten wir Greta mit Dank für ihr Engagement, ihre Arbeit und die Zeit, die sie sich genommen hatte, um bei uns zu sein. Mitten in der Nacht. Greta hatte kurz davor, am 3. Januar, ihren 18. Geburtstag gefeiert und würde am darauffolgenden Montag nach langer Abwesenheit wieder zur Schule gehen. In öffentlichen Interviews und Statements macht sie oft deutlich, dass sie viel lieber zur Schule gehen würde, statt ihre Ausbildung und ihre Kindheit zu opfern, um »Erwachsene aufzuwecken«. Sie sollen, verlangt sie, »nicht zu uns sagen, was Sie in der von Ihnen geschaffenen Gesellschaft für politisch möglich halten, (...) sondern Ihre Differenzen beilegen und anfangen, sich so zu verhalten, wie man es in einer Krise tun würde. Wir Kinder tun das, weil wir unsere Hoffnungen und Träume zurückhaben wollen«.

Nach dem Austausch zwischen den beiden neuen Freunden war es Zeit, uns den wissenschaftlichen Grundlagen der Feedback-Loops zu widmen. Denn wir müssen tun, worauf sowohl der Dalai Lama als auch Greta Thunberg bestehen: auf die Wissenschaft hören. Gerade in Anbetracht der Klarheit, mit der sie der Menschheit die Herausforderung zeigt.

Nachrichten aus der Wissenschaft

Zwei renommierte Wissenschaftler, die ihr Leben dem Problem des Klimawandels gewidmet haben, waren vor Ort, um uns die Dringlichkeit unserer Situation vor Augen zu führen. Dr. Susan Natali ist eine Inspiration dank ihres Fachwissens, ihres Engagements und ihres Mitgefühls, das sie antreibt. Sie arbeitet derzeit im vielleicht herausforderndsten Gebiet der Welt, der schmelzenden Arktis. Herausfordernd ist das sowohl auf körperlicher, als auch auf intellektueller und emotionaler Ebene. Am *Woodwell Climate Research Center* in Falmouth, Massachusetts, leitet sie das Arctic Program, ein interdisziplinäres Team von Wissenschaftlern, das die Triebkräfte und Folgen des schnellen arktischen Wandels untersucht. Dr. Natali untersucht die Auswirkungen von auftauenden Permafrostböden und Bränden auf die Speicherung oder Freisetzung von Kohlenstoff und damit auf das globale Klima. Ihre Arbeit umfasst, auf lokaler und globaler Ebene, prozessorientierte Feldforschung, Fernerkundung und computergestützte Modellierung. Wir wollten unbedingt mehr von ihr lernen.

Bill Moomaw hat bahnbrechende Beiträge zu vielen Umweltstudien verfasst. Es geht um nachhaltige Entwicklung, erneuerbare Energien, politische Auswirkungen auf den Klimawandel und vieles mehr. Heute ist er emeritierter Professor für Internationale Umweltpolitik an der *Fletcher School of Law and Diplomacy* der *Tufts University* und war unter anderem koordinierender Hauptautor des Kapitels des

Weltklimarates (*IPCC*) von 2001 über Treibhausgasemissionen und Hauptautor von drei weiteren *IPCC*-Berichten (1995, 2005 und 2007). Die Arbeit des *IPCC* wurde 2007 mit dem Friedensnobelpreis ausgezeichnet.

Diese beiden hochrangigen Wissenschaftler, Sue und Bill, diskutierten während des Zusammentreffens als Beispiele für Feedback-Loops zwei Arten von natürlichen Ökosystemen: Wälder und Permafrost in der Arktis und wie sie interagieren. Bill sprach darüber, wie das Schicksal der Wälder auf der ganzen Welt das Schicksal der Arktis beeinflusst und umgekehrt. Und das Schicksal der Menschen. Wir müssen die Arktis wieder einfrieren, um sie zu retten, sagte er. Um die Arktis wieder einzufrieren, müssen wir die Erde abkühlen. Um die Erde abzukühlen, müssen wir die Feedbacks stoppen und dafür müssen wir die bereits in der Atmosphäre vorhandenen wärmespeichernden Gase reduzieren.

Jüngste Studien zeigen, dass, wenn wir unserer Wälder wieder wachsen lassen, sie das Potenzial haben, doppelt so viel Kohlenstoff zu speichern wie heute. Wir müssen uns die Tatsache zunutze machen, dass größere Bäume den meisten Kohlenstoff ansammeln und speichern. Wir müssen Bäume weiterwachsen lassen, damit sie den Kohlenstoff speichern können, der so dringend gespeichert werden muss. Das Pflanzen neuer Bäume ist hilfreich, aber es dauert lang, bis das bedeutende Auswirkungen hat.

Wir müssen handeln

Wir sehen, dass wir einer unmittelbaren Bedrohung ausgesetzt sind, die mit der Art und Weise zusammenhängt, wie wir Menschen unsere Industriegesellschaft, unsere Wachstumswirtschaft, unsere Landwirtschafts- und Verkehrssysteme, unsere Glaubenssysteme und unsere Lebensweise organisiert haben. Das spüren die meisten von uns schon lange. Nachdem wir diese Realität erkannt haben, können wir nicht anders, als uns zu fragen: Was müssen wir tun? Wer müssen wir sein? Wie leben wir mit diesem Wissen heute und morgen und für den Rest unserer Tage?

Es ist eine positive Entwicklung, wie der Dalai Lama und Greta Thunberg betont haben, dass junge Aktivisten von Politikern fordern, gegen den Klimawandel vorzugehen, auch im Zusammenhang mit mehr sozialer und wirtschaftlicher Gerechtigkeit. Das ist der einzige Weg. Und so liegt es nun an uns, diesen Weg ebenfalls zu gehen. Nicht einmal zu handeln, sondern immer wieder.

Wir müssen handeln, um unserer selbst willen und für alle, die wir kennen und lieben und jemals gekannt haben, für alle, die wir nicht kennen, von denen wir wenig oder nichts wissen, wir müssen es zum Wohle aller Menschen und aller Lebewesen tun, für eine gemeinsame Zukunft, in der unsere Schicksale miteinander verbunden sind.

Wachen Sie morgens auf und fragen Sie sich: Was werde ich heute gegen den Klimawandel tun? Gehen Sie ins Bett undfragen Sie sich: Was habe ich heute gegen den Klimawandel getan und was werde ich morgen tun? Wie kann ich anderen helfen, zu sehen, was ich sehe und was ich nicht länger ignorieren kann? Wen kann ich dabei als meinen Partner finden, und wen können wir beide gewinnen, um sich uns anzuschließen, bis wir eine Menge bilden?

Wenn wir unsere Arbeit gut machen, können wir hoffen, einen positiven sozialen Feedback-Loop zu aktivieren. Einen, der sich zu einer globalen Kraft aufbaut, die der Bedrohung angemessen ist. Doch um damit anzufangen, müssen wir erst einmal Verständnis für die Feedback-Loops und ihre Auswirkungen schaffen. Wir hoffen, dass dieses Buch Ihnen helfen wird, damit »Wir, das Volk«, wie Greta sagt, unsere Führer dazu bewegen können, so zu handeln, als ob unser Haus in Flammen steht. Weil wir wissen, dass es so ist.

Diana Chapman Walsh fungierte während des Aufeinandertreffens von Dalai Lama und Greta Thunberg als Moderatorin und führte Millionen von Menschen durch die Veranstaltung. Die ehemalige Professorin und emeritierte Präsidentin des amerikanischen *Wellesley College* identifiziert sich mit AktivistInnen wie Greta Thunberg und scheut nicht davor zurück, auch selbst auf die Straße zu gehen und gemeinsam mit Gleichgesinnten gegen die Klimapolitik zu demonstrieren.

**Der Filmemacher *Barry Hershey* leistet einen erheblichen Beitrag zur Vermittlung von Wissen über die Klimakrise an eine breite Öffentlichkeit. Gekonnt verpackt er die Wissenschaft der Feedback-Loops, die Situation des Planeten oder auch das Leben des Dalai Lama in Bewegtbilder, die berühren und um Nachdenken anregen.

THE DALAI LAMA

31 May 2019

Ms. Greta Ernman Thunberg
Stockholm
SWEDEN

Dear Greta,

I am writing to express my deep appreciation of your efforts to raise awareness of the climate crisis that faces us all. It is very encouraging to see how you have inspired other young people to join you in speaking out. You are waking people up to the scientific consensus and the urgency to act on it.

I am also an ardent supporter of environmental protection. We humans are the only species with the power to destroy the earth as we know it. Yet, if we have the capacity to destroy the earth, so, too, do we have the capacity to protect it.

It is encouraging to see how you have opened the eyes of the world to the urgency to protect our planet, our only home. At the same time you have inspired so many young brothers and sisters to join in this movement.

I wholeheartedly offer my support for your efforts.

With my prayers and good wishes,

Yours sincerely,

BRIEF DES DALAI LAMA AN GRETA THUNBERG

Liebe Greta,

ich schreibe dir, um meine tiefe Wertschätzung für deine Bemühungen auszudrücken, ein Bewusstsein für die Klimakrise zu schaffen, die uns alle betrifft. Es ist sehr ermutigend zu sehen, wie du andere junge Menschen dazu inspiriert hast, gemeinsam mit dir ihre Stimme zu erheben.

Du weckst Menschen auf und führst ihnen den wissenschaftlichen Konsens und die Dringlichkeit zu handeln vor Augen.

Auch ich bin ein glühender Verfechter des Umweltschutzes. Wir Menschen sind die einzige Spezies, die die Macht hat, die Erde, wie wir sie kennen, zu zerstören. Doch wenn wir die Fähigkeit haben, sie zu zerstören, so haben wir auch die Fähigkeit, sie zu schützen.

Es ist ermutigend zu sehen, wie du die Augen der Welt geöffnet hast für die Dringlichkeit, unseren Planeten zu schützen, der unser einziges Zuhause ist. Gleichzeitig hast du so viele junge Brüder und Schwestern angeregt, sich deiner Bewegung anzuschließen.

Ich biete dir von ganzem Herzen meine Unterstützung für deine Bemühungen an.

Mit meinen Gebeten und guten Wünschen,

Hochachtungsvoll
Dalai Lama

Alle unsere Hoffnungen hängen von dieser neuen Generation ab. Es ist das Glück der Menschheit, dass diese neue Generation bewusster, aufgeklärter und mutiger ist und sich wirklich um die Gesundheit unseres Planeten kümmert.

ALLE WESEN WOLLEN GLÜCKLICH SEIN

Wir leben in einer besonders materialistischen Zeit. Deshalb fand bisher eher selten jemand klare Worte über den Zustand der Welt, unserer Umwelt und über all die Dinge, die den Fortbestand des Planeten als Lebensraum für Menschen, Tiere und Pflanzen sichern. Als ich Greta Thunberg zum ersten Mal sprechen hörte und sie ihre Art offenbarte, über die Probleme, vor denen wir als Menschheit stehen, zu denken, war ich voller Bewunderung für sie. Gleichzeitig empfand ich ihre Worte und Gedanken als ausgesprochen ermutigend. Sie weckte in mir echte Hoffnung, weil sie zeigte, dass unsere junge Generation über unsere Umwelt und die Probleme, die wir verursacht haben, ernsthaft nachdenkt.

Meine Generation und überhaupt alle älteren Generationen haben eine Menge Probleme geschaffen, das ist so.

Und wenn es darum ging, sich um die Umwelt zu kümmern, war meine eigene Generation überhaupt nicht gut. Die heutige Klimakrise ist Teil der Vergangenheit, die wir, die ältere Generation, geschaffen haben. Jetzt ist es an der Zeit, Lösungen für dieses schwerwiegende Problem zu suchen. Ehrlich gesagt glaube ich nicht, dass meine eigene Generation einen innovativen inhaltlichen Beitrag zur Lösungsfindung leisten kann. Tatsache ist, dass viele von uns bald weg sein werden. Deshalb hat vor allem die jüngere

Generation die Zukunft unseres Planeten in der Hand. Alle unsere Hoffnungen hängen von dieser neuen Generation ab. Es ist das Glück der Menschheit, dass diese neue Generation bewusster, aufgeklärter und mutiger ist und sich wirklich um die Gesundheit unseres Planeten kümmert. Diese neue Generation versteht, dass wir Menschen die moralische Verantwortung haben, die Gesundheit der Erde zu gewährleisten, ein Zuhause, das wir mit so vielen Tierarten teilen.

Deshalb tut es so gut, eine Stimme wie die Greta Thunbergs zu hören. Eine Stimme aus der Gemeinschaft der jungen Menschen. Eine, in der ein ehrlich empfundenes Gefühl der Sorge um die Zukunft unseres Planeten und um die der gesamten Menschheit liegt.

Dass Greta ihre Stimme in diesem Sinn erhebt, ist ein Zeichen der Hoffnung in einer Zeit, in der die Sorge um die Zukunft alle Wesen erfasst. Denn tatsächlich wollen alle Wesen ein glückliches Leben führen. Der Sinn des Lebens ist es, glücklich zu sein. Nicht nur wir, die Menschen, sondern auch die Tiere, sogar die Insekten, alles Lebendige will glücklich sein. Angst steht dem entgegen.

Aber bleiben wir bei uns Menschen und sprechen wir über unser Gehirn. Es ist im Vergleich zu dem aller anderen Lebewesen etwas ganz Besonderes. Es macht uns intelligent, kreativ und erfinderisch. Doch das ist nicht alles. Wenn wir den Planeten von oben betrachten, erkennen wir leicht, dass uns dieses Gehirn auch zu seinen größten Unruhestiftern macht.

Andere Lebewesen verbringen ihre Zeit mit Nahrungsaufnahme, Fortpflanzung und Schlafen. Doch uns reicht
das nicht. Wir haben viele verschiedene Arten von Anlie-
gen und Bedürfnissen, von Wünschen und Sehnsüchten,
von Verlangen und Gelüsten, und von Gefühlen. Trauer
zum Beispiel können andere Lebewesen nicht im gleichen
Ausmaß fühlen wie wir Menschen. Sie können nicht von
einer fernen Zukunft träumen, so wie wir Menschen es
können. Und sie wenden nicht viel Zeit dafür auf, sich über
die Bedeutung der Existenz Gedanken zu machen, so wie
wir Menschen es tun.

Was bedeutet nun also diese Einzigartigkeit unserer Spezies und was sind ihre Konsequenzen? Die Antwort auf diese Frage gibt ein Blick auf die menschliche Geschichte. Wir
Menschen sind unter den Spezies auf diesem Planeten die
einzige, die auf vielfältige Weise und im großen Stil gute
Dinge hervorbringen kann. Gleichzeitig sind wir auch die
einzige, die auf vielfältige Weise und im großen Stil Probleme schaffen kann. Wir haben zum Beispiel als einzige
Spezies die Kraft, diesen Planeten und sein Klima zu zerstören. Genau das tun wir auch. Die meisten der Umwelt-
probleme, mit denen wir zu kämpfen haben, sind unsere
eigene Schöpfung.

Warum ist das so? Wie kann es sein, dass unser Gehirn so
besonders, so wunderbar ist, und wir in einem bestimmten
Punkt trotzdem so beschränkt in unserem Denken sind?
Warum denken wir überwiegend egozentrisch, immer in
Bezug auf »mich«, »mein« und »unser«? Warum denken wir

immer in diesen kleinen Kreisen? Warum denken wir eher an das Kurzfristige, das Unmittelbare und das Offensichtliche und entscheiden uns, nicht an das Langfristige und die zugrunde liegenden Bedingungen zu denken?

Das Verwirklichen von Eigeninteressen war eindeutig von Vorteil für das Überleben unserer Spezies, und Biologen sagen uns, dass dies ein wichtiger Teil unserer evolutionären Eigenschaften ist. Aber es ist an der Zeit, einem anderen Teil unserer Eigenschaften Aufmerksamkeit zu schenken und Bedeutung zu verleihen, unserer Natur als soziale Tiere. Wir hätten irgendwann lernen müssen, dass ausschließliches Streben nach Eigeninteresse unserem eigenen Wohlbefinden sogar schadet. Dagegen ist die Sorge um das Wohlergehen anderer für unser persönliches Wohlbefinden von entscheidender Bedeutung, denn es ist unsere empathische Natur, die es uns ermöglicht, soziale Verbindungen aufzubauen, die für das Glück so entscheidend sind. Tatsache ist: Das Leben, das Glück und der Erfolg eines jeden Menschen hängen von anderen und von der Gemeinschaft ab. Wir alle sind aufeinander angewiesen, ob als Einzelpersonen, Familien oder Länder.

Das war nicht immer so. Über die gesamte Menschheitsgeschichte hinweg, also viele, viele Jahrtausende lang, bildeten wir Menschen kleine Kreise. Wir lebten und dachten in kleinen Kreisen, die nicht miteinander vernetzt waren und keine größere Einheit bildeten. Doch das Denken, das sich an kleinen Gemeinschaften orientiert, ist angesichts unserer heutigen Weltbevölkerung sinnlos geworden. Unser Denken muss sich neu ausrichten. Daran, dass wir nur noch gemeinsam etwas bewirken können.

Schon früher, in der Antike, und bis herauf in die Gegenwart haben wir uns mit Ost und West, Nord und Süd, und auch da jeweils mit unterschiedlichen Religionen, Hautfarben und Sprachen auseinandergesetzt. All dies ist jetzt nebensächlich. Es hat keine Bedeutung mehr. Heute, in unserer tief verflochtenen Welt und insbesondere angesichts der Klimakrise, sind solche Spaltungen von keiner großen Bedeutung. Was wir dringend brauchen, ist ein Gefühl der Einheit der Menschheit, ein Gefühl des kollektiven »Wir«, das die gesamte Menschheit umfasst. Bis heute erinnere ich mich an die starken Emotionen, die ich verspürte, als ich zum ersten Mal das Foto der Erde aus dem Weltraum sah. Gefühle des Staunens, der Schönheit, der Einheit der Menschheit sowie der Zerbrechlichkeit unseres Planeten stürmten auf mich ein, als würden sie miteinander konkurrieren.

Obwohl wir sehr unterschiedlich
sind, in Bezug auf unser Alter
und viele andere Dinge, teilen
wir doch das gleiche Ziel.

WIR TEILEN DAS GLEICHE ZIEL

Ich bin dankbar für den Brief, den mir Seine Heiligkeit, der Dalai Lama, schrieb. Er bedeutet mir viel. Ich bin auch dankbar dafür, dass ich ihn im Januar 2021 zu einem Gespräch über das so wichtige Thema Klima-Feedback-Loops treffen durfte. Ich danke Seiner Heiligkeit dafür, dass er so nachdrücklich Umweltschutz und Umweltaktivismus unterstützt. Als Vertreterin einer jüngeren Generation kann ich sagen, dass wir es zu schätzen wissen, wie er sich für unsere Zukunft einsetzt, ja eigentlich nicht nur für unsere, sondern für die Zukunft der gesamten Menschheit und des gesamten Planeten.

Obwohl wir sehr unterschiedlich sind, in Bezug auf unser Alter und viele andere Dinge, teilen wir doch das gleiche Ziel. Es besteht darin, unseren Planeten, das Leben auf unserem Planeten und das der Menschheit zu schützen. Es ist schön, dabei auf die Hilfe Seiner Heiligkeit, des Dalai Lama, zählen zu können.

MEINE BOTSCHAFT AN DIE MÄCHTIGEN DER WELT

(Auszug aus Greta Thunbergs Rede beim UN-Klimagipfel 2019, die als »Weckruf« und »Wutrede« in die Geschichte einging. Sie war damals dafür in einem Segelboot über den Atlantik gereist und sprach zum ersten Mal vor einem großen Forum über die Bedeutung der Klima-Feedback-Loops.)

Ihr habt meine Träume und meine Kindheit mit euren leeren Worten gestohlen. Und doch bin ich noch eine der Glücklichen. Denn andere Menschen leiden. Andere Menschen sterben. Ganze Ökosysteme kollabieren.

Wir stehen am Anfang eines Massensterbens, und alles, worüber ihr reden könnt, sind Geld und Märchen über ewiges Wirtschaftswachstum. Wie könnt ihr es wagen!

Seit mehr als dreißig Jahren ist sich die Wissenschaft über den Zustand dieses Planeten einig und ihre Aussagen sind kristallklar. Wie könnt ihr es wagen, weiterhin wegzusehen und zu sagen, dass ihr genug tut, obwohl die erforderliche Politik und die erforderlichen Lösungen weit und breit nicht in Sicht sind?

Ihr sagt, ihr hört uns und versteht die Dringlichkeit. Aber egal wie traurig und wütend ich bin, ich kann das nicht glauben. Denn würdet ihr die Situation wirklich verstehen und dennoch nicht handeln, dann wärt ihr böse. Und das weigere ich mich zu glauben.

Denn schon die beliebte Idee, unsere Emissionen in zehn Jahren zu halbieren, gibt uns nur eine gerade einmal fünfzigprozentige Chance, die Erderwärmung unter 1,5 Grad Celsius zu halten. Auch sie birgt damit das Risiko in Gang kommender irreversibler ökologischer und klimatischer Kettenreaktionen, die außerhalb der menschlichen Kontrolle liegen. Eine fünfzigprozentige Chance mag euch akzeptabel erscheinen, aber die Klima-Feedback-Loops, die sich dabei trotzdem zu drehen beginnen können und die Kipp-Punkte, auf die der Klimawandel dabei trotzdem zusteuern kann, beachtet ihr nicht. Ebenso wenig wie Aspekte der Klimagerechtigkeit, also der Verteilung der Folgen der globalen Erwärmung unter denen Bevölkerungsgruppen, vor allem im globalen Süden, die am wenigsten zum Klimawandel beitragen und trotzdem oftmals am stärksten und ungeschütztesten zu leiden haben. Ihr verlasst euch lieber darauf, dass meine Generation Hunderte von Milliarden Tonnen eures Kohlendioxids aus der Luft saugen wird, mit Technologien, die es noch gar nicht gibt.

Für uns, die wir mit den Konsequenzen des Klimawandels leben müssen, ist ein fünfzigprozentiges Risiko deshalb keineswegs akzeptabel. Die besten Aussichten, die der *Intergovernmental Panel on Climate Change* (Weltklimarat) bietet, bestehen in einer 67-prozentigen Chance, unter einem globalen Temperaturanstieg von 1,5 Grad zu bleiben. Doch wie realistisch ist das? Um diese Chance wahrzunehmen, hatte die Welt am 1. Januar 2018 noch 420 Giga-tonnen CO_2 übrig, die sie ausstoßen konnte. Im September 2019 war diese Zahl bereits auf weniger als 350 Gigatonnen geschrumpft. Mit den heutigen Emissionswerten wird das verbleibende Kohlendioxid-Budget bis spätestens 2027 voll-ständig aufgebraucht sein. Wie könnt ihr es da wagen, so zu tun, als ob sich die Probleme einfach mit *business as usual* und einigen technischen Entwicklungen lösen ließen?

Ihr habt keine Lösungen oder Pläne vorgelegt, die mit diesen Zahlen übereinstimmen, weil diese Zahlen zu un-bequem sind. Und ihr seid immer noch nicht so weit, zu sagen, was Sache ist.

Ihr lasst uns im Stich. Aber junge Menschen fangen an, euren Ver-rat zu verstehen. Die Augen aller zukünftigen Generationen sind auf euch gerichtet. Und wenn ihr euch entscheidet, uns im Stich zu lassen, sage ich: Wir werden euch das nie verzeihen.

Wir werden nicht zulassen, dass ihr damit durchkommt. Hier und jetzt ist der Punkt, an dem wir die Grenze zie-hen. Die Welt wacht auf. Und die Veränderung kommt, ob es euch nun gefällt oder nicht.

Wir denken nicht darüber nach, dass unser Verhalten und unsere Handlungen auch Konsequenzen haben können, die über unser unmittelbares Verständnis hinausgehen.

DIE WISSENSCHAFT IST ZU WENIG EINGEBUNDEN

Meine eben zitierte Rede beim UN-Klimagipfel 2019, in der ich bereits auf das Thema Klima-Feedback-Loops zu sprechen kam, war dramatisch. Das ist mir bewusst. Doch meine Erfahrung war und ist, dass es stark an Bewusstsein für die wahre Problematik des Klimawandels und die von ihm ausgehenden Gefahren fehlt, dass wir als Gesellschaft insgesamt zu wenig darüber diskutieren und dass die Diskussion, die es gibt, in zu engen Bahnen stattfindet. Dies vor allem, weil die Wissenschaft zu wenig eingebunden ist.

Wir müssen dieses Bewusstsein also mit aller Kraft stärken und darüber sprechen, was gerade wirklich passiert.

Die wenigsten Menschen, die ich kenne, haben überhaupt schon einmal von den Klima-Feedback-Loops gehört. Ebenso wie zum Beispiel von den damit in Zusammenhang stehenden sogenannten Tipping Points, den Kipp-Punkten, ab denen die Veränderungen irreversibel und die Folgen den Klimawandels unabwendbar sind.

Dabei sind gerade diese Dinge wichtig, ja sogar essentiell, um zu verstehen, wie diese Welt funktioniert. Sie zeigen, wie alles mit allem zusammenhängt und wie komplex alles ist. Sie zeigen, dass unser Verhalten und unsere Handlungen Konsequenzen haben und wie diese Konsequenzen aussehen.

Es fehlt uns dermaßen an Respekt vor der Natur und der Umwelt, dass wir denken, die Dinge würden am Ende schon wieder in Ordnung kommen und alles würde sich gleichsam von selbst zum Guten regeln. Wir denken nicht darüber nach, dass unser Verhalten und unsere Handlungen auch Konsequenzen haben können, die über unser unmittelbares Verständnis hinausgehen. Dabei gibt es nun einmal Dinge, die wir nicht verstehen können. Dinge, die wir nicht vorhersagen können. Sind diese Dinge erst einmal in Bewegung, können wir sie in vielen Fällen nicht mehr aufhalten.

Wir können also dem Klimawandel nur begegnen und einen Klima-Notfall nur lösen, wenn wir über die Klima-Feedback-Loops nachdenken, sie wirklich verstehen und sie berücksichtigen.

Darin liegt im Umgang mit dem Klimawandel und seinen Konsequenzen ein entscheidender Schritt.

WAS SIND KLIMA-FEEDBACK-LOOPS?

Klima-Feedback-Loops sind sich selbst verstärkende Kreisläufe, die durch die Erwärmung des Planeten in Gang kommen, zur Erwärmung beitragen und die Erwärmung weiter verstärken.

Die Erde erwärmt sich, weil wir fossile Brennstoffe wie Öl, Kohle und natürliches Erdgas verbrennen. Damit füllen wir die Atmosphäre mit wärmespeichernden Gasen wie Kohlendioxid, Methan und Stickstoffoxid in noch nie dagewesenen Mengen. Während die Welt darüber debattiert, wie viel zusätzliche Erwärmung der Planet noch aushalten kann – 1,5 Grad Celsius? Zwei Grad Celsius? – eskaliert die Klimakrise.

Das Problem besteht darin, dass die Welt für die Menschen, die Landwirtschaft, viele andere menschliche Interessen sowie für das menschliche Wohlergehen insgesamt zu heiß wird und dass es immer schlimmer wird.

Es sind mehr als unsere direkten Emissionen, die den Planeten erhitzen. Hier ist noch etwas anderes am Werk.

Die durch diese Emissionen steigenden Temperaturen setzen natürliche Erwärmungsmechanismen der Erde in Gang, die ihre Kraft aus sich selbst beziehen und die wir irgendwann nicht mehr aufhalten können werden. Selbst dann nicht, wenn wir überhaupt kein Kohlendioxid, überhaupt kein Methan und überhaupt kein Stickstoffoxid mehr in die Atmosphäre blasen, wenn wir also die Emissionen der sogenannten Treibhausgase vollständig auf null reduzieren.

Der Ökologe und Pflanzenbiologe George Woodwell, Mitbegründer des *Environmental Defense Fund*, einer US-amerikanischen Umweltschutzorganisation, und Gründer des *Woods Hole Research Center* (jetzt ihm zu Ehren umbenannt in *Woodwell Climate Research Center*) in Woods Hole, Massachusetts, warnt seit fünfzig Jahren vor Rückkopplungsschleifen.

In einem Artikel für die populärwissenschaftliche amerikanische Zeitschrift *Scientific American* schrieb er bereits 1989, dass die durch menschliche Aktivitäten verursachte Erwärmung »infolge der Erwärmung selbst noch schneller werden kann«.

Das bedeutet: Der Plan, unsere Emissionen in zehn Jahren zu halbieren, mag akzeptabel und machbar klingen. Er gibt uns allerdings nur eine fünfzigprozentige Chance, unter 1,5 Grad Erderwärmung zu bleiben.

Setzen wir nur auf diesen Plan, riskieren wir tatsächlich irreversible ökologische und klimatische Kettenreaktionen, die außerhalb unserer Kontrolle liegen.

Selbst wenn es uns gelingt, unter 1,5 Grad Erderwärmung zu bleiben, bewegt sich die Welt mit viel zu hoher Wahrscheinlichkeit und mit wachsendem Tempo auf eine verheerende Klimakatastrophe zu.

Was genau sind nun aber diese »irreversiblen Kettenreaktionen«, die Wissenschaftler als »Feedback-Loops« bezeichnen?

Ein Feedback, mit dem wir alle vertraut sind, ist ein Audio-Feedback. Um es herzustellen, brauchen wir zum Beispiel eine Gitarre, ein Mikrofon und einen Lautsprecher.

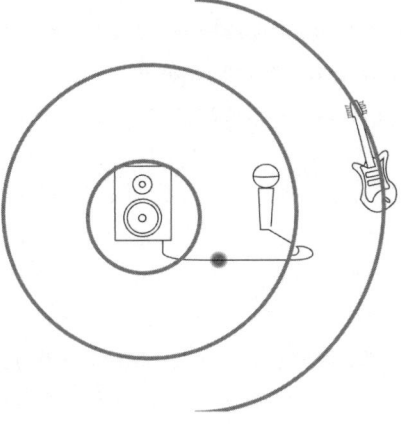

Wenn wir das Mikrofon zu nahe an den Lautsprecher halten, bekommen wir dieses hohe, kreischende Geräusch zu hören.

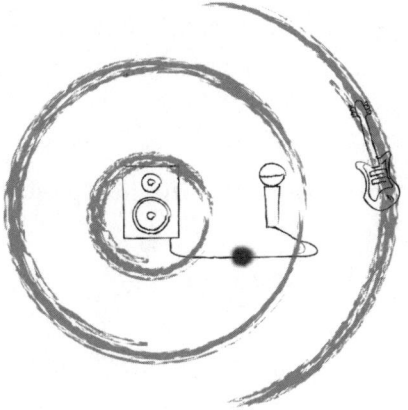

Das passiert, weil der Ton über den Lautsprecher zurück ins Mikrofon dringt. Die Wissenschaft nennt das ein »positives Feedback«, weil es die Schleife, also den Loop, verstärkt.

Dieses ständig wachsende »Kreischen« ist eine passende Analogie für den Schaden, den durch Menschen verursachte Klima-Feedback-Loops auf dem Planeten anrichten. Bloß bilden statt einer Gitarre dabei Emissionen aus der Verwendung fossiler Brennstoffe die Quelle. Sie gelangen in die Atmosphäre, wo sie Sonnenenergie aufnehmen, mit ihr die Temperatur der Erde erhöhen und somit selbstständige Erwärmungsschleifen in Gang setzen.

Das »positive Feedback« verläuft in diesem Fall so:

©   Wir erwärmen die Erde.

©   Diese Erwärmung verstärkt die »Wärme-Schleife« ihrerseits.

©   Das System »kreischt«. Die Schleife überdreht sich und es kommt zu einem Kollaps. Bloß ist es in diesem Fall kein akustischer Kollaps, sondern einer des Klimas.

Es geht also um Erwärmung, die infolge der Erwärmung selbst stattfindet.

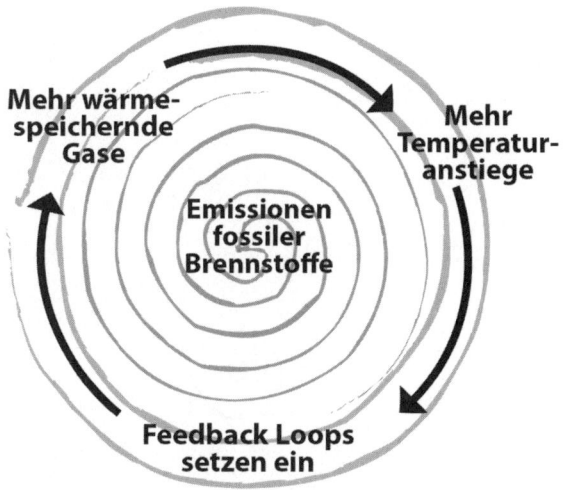

Wir werden es mit diesem Problem nicht vielleicht irgendwann einmal zu tun haben und wir können uns nicht in
Ruhe auf seine Lösung vorbereiten.

*Denn Wissenschaftler haben Dutzende Klima-Feedback-Loops
identifiziert, die sich bereits in Bewegung befinden. Die Spirale
dreht sich längst und wir müssen sie unbedingt verstehen, wenn
wir den Klimakollaps noch abwenden wollen.*

Auf vier dieser Loops, die vier wichtigsten und gefähr-
lichsten, werden wir in diesem Buch näher eingehen. Es
sind diese vier:

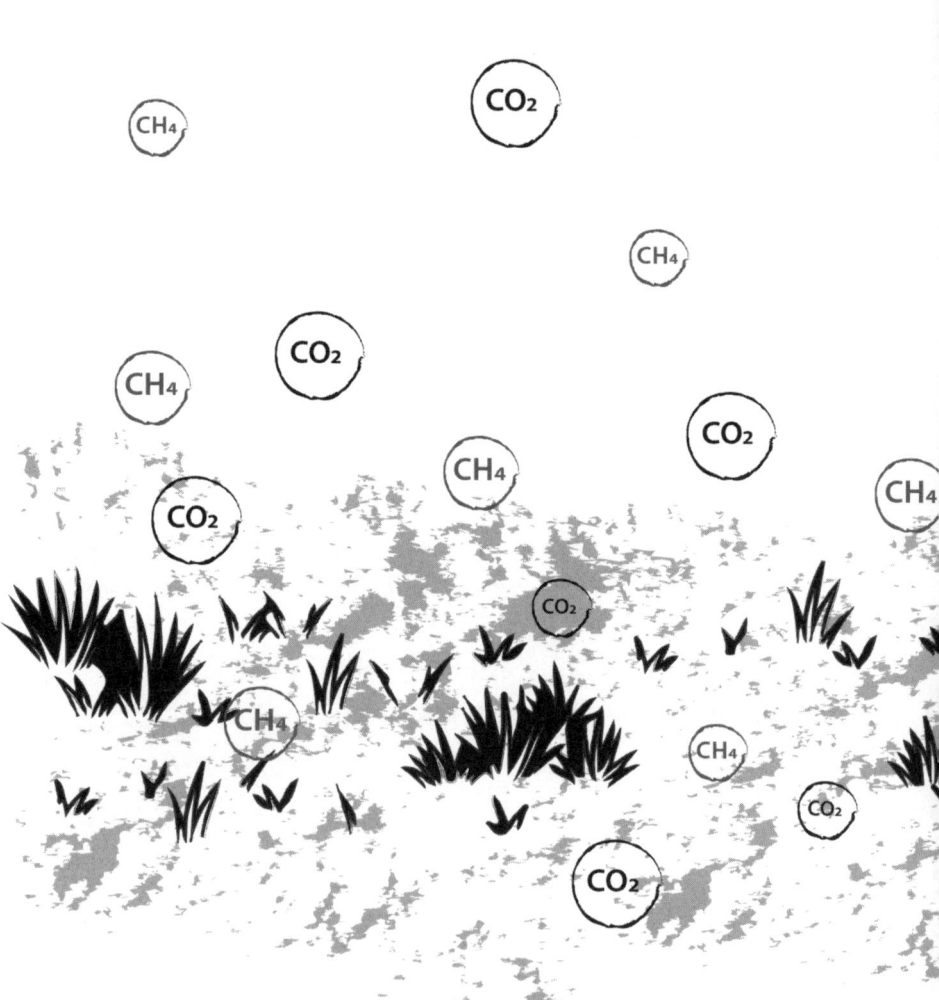

Der Permafrost-Feedback-Loop: Gefrorener Boden in der Arktis taut auf und stößt Kohlendioxid und Methan aus. Beide Gase sammeln sich in der Erdatmosphäre und erwärmen den Planeten zusätzlich.

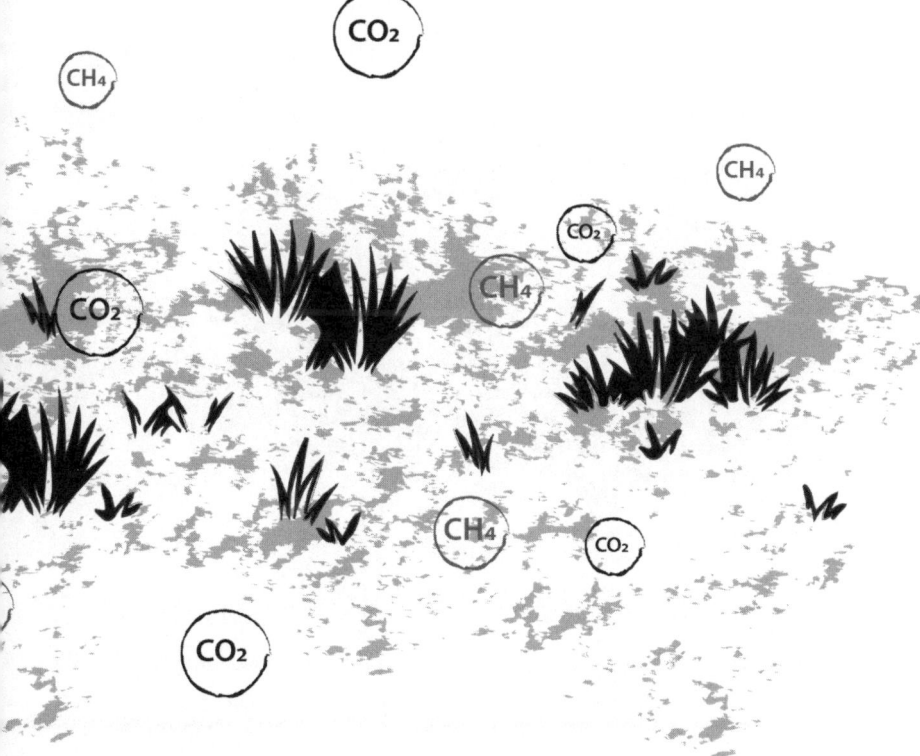

Wald-Feedback-Loop: Mit steigenden Temperaturen wird das Klima heißer und trockener und Bäume fallen Dürren, Bränden und Insekten zum Opfer. Je weniger Bäume, desto mehr Kohlendioxid verbleibt in der Atmosphäre, welches aufgenommen worden wäre, wenn die Bäume es weiter entfernt hätten. Das führt dazu, dass die Temperaturen weiter steigen und mehr Bäume sterben.

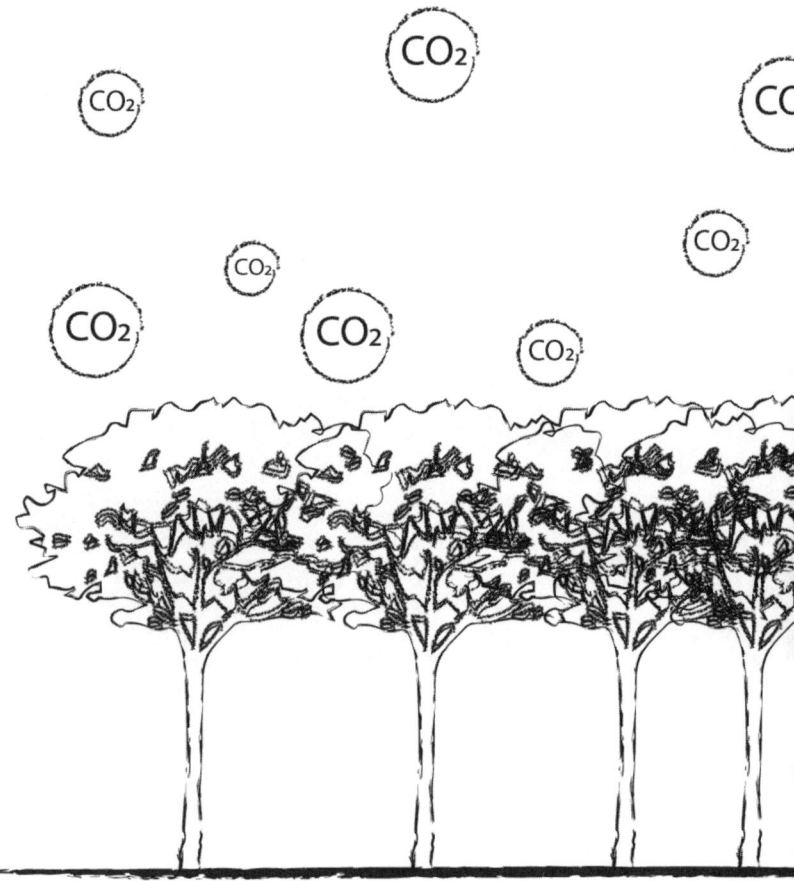

Wenn Bäume verbrennen oder verrotten, wird der Kohlenstoff, den sie während ihres Lebens eingeschlossen haben, freigesetzt, was der Atmosphäre zusätzliches Kohlendioxid hinzufügt, wodurch die Temperaturen steigen und der Kreislauf aufrechterhalten wird.

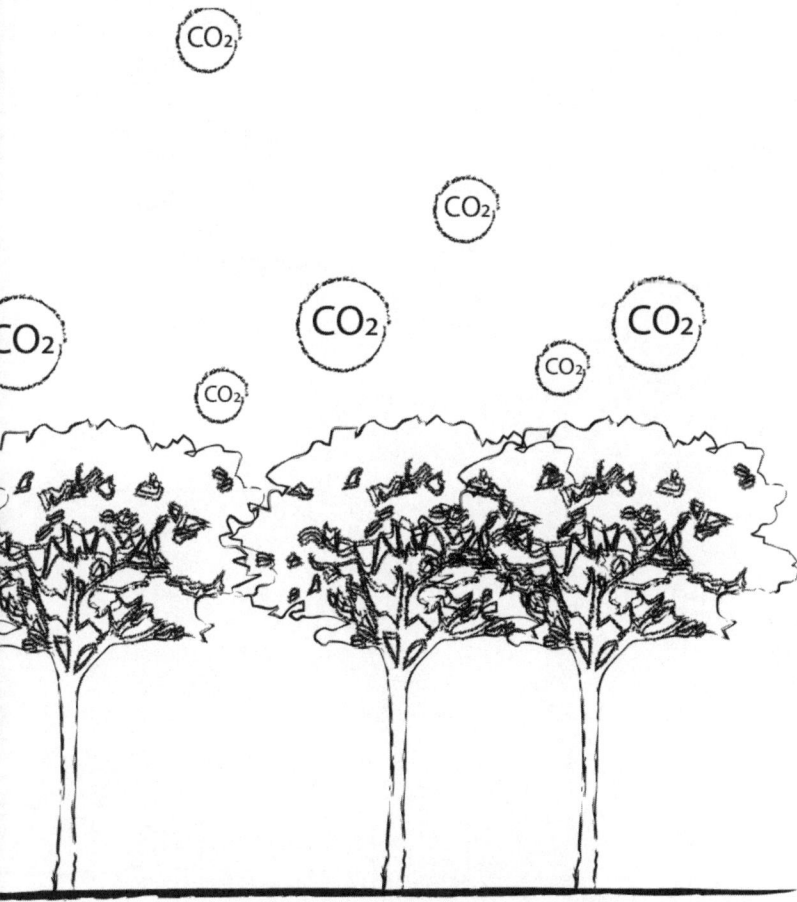

Atmosphärische Feedback-Loops: Wasserdampf, hauptsächlich aus Ozeanen und Seen, zählt zu den wärmespeichernden Gasen. Wenn die Temperaturen steigen, gelangt mehr Wasserdampf in die Atmosphäre, die dann mehr Wärme einfängt und den Planeten in einer sich verstärkenden Schleife weiter erwärmt. Wenn sich die Arktis erwärmt,

nehmen die Winde des Jetstreams größere Nord-Süd-Schwingungen auf, noch mehr warme Luft aus dem Süden gelangt in die Arktis. Diese erwärmt sich weiter, wodurch die Jetstream-Winde in einem sich beschleunigenden Zyklus immer schwächer werden.

Der Albedo-Feedback-Loop: Die natürliche Fähigkeit der Erde, Sonnenstrahlen zurück ins All zu reflektieren, lässt insbesondere in der Arktis mit dem Schmelzen von Schnee und Eiskappen nach. Die Temperaturen steigen noch weiter an, was das restliche Eis und den restlichen Schnee weiter zerstört.

Dies sind die vier wichtigsten Arten von Klima-Feedback-Loops, die zu einer weiteren Erderwärmung führen, die Freisetzung von Treibhausgasen beschleunigen und die globale Temperatur damit exponentiell erhöhen.

Jeder dieser Klima-Feedback-Loops allein verstärkt schon die Erwärmung der Erde.

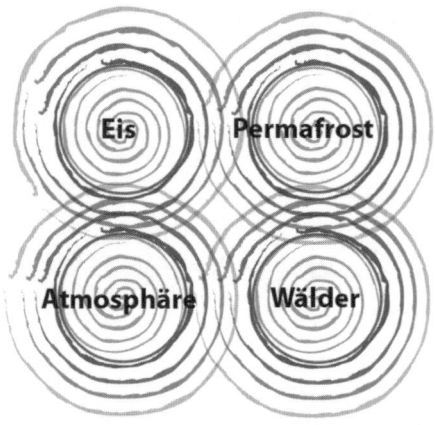

Kombiniert miteinander geraten die Klima-Feedback-Loops außer Kontrolle.

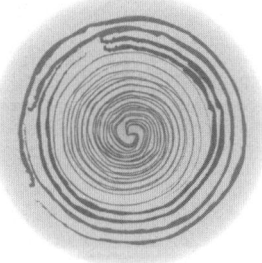

Wenn wir jetzt Maßnahmen ergreifen, können wir die Klima-Feedback-Loops noch verlangsamen, anhalten oder sogar umkehren, bevor es zu spät ist. Wenn wir das nicht tun, wird der Planet einen Wendepunkt, einen Kipp-Punkt, einen Punkt ohne Wiederkehr überschreiten, den die Wissenschaft »Tipping-Point« nennt. An diesem Punkt werden wir die Welt, so wie wir sie heute kennen, verlieren.

Was genau sind Tipping-Points?

Wie genau sehen diese so gefährlichen »Tipping-Points« nun
aus? Stellen wir uns dazu einen Ball vor, den wir einen Hügel
hinaufrollen. Wenn wir mit diesem Ball die Spitze des Hügels
erreicht haben, rollt er auf der anderen Seite wieder herunter.
Er entgleitet uns. Wir können ihn nicht mehr aufhalten.
    Solche »Bälle« gibt es auch im Klimasystem.

Wir rollen diese Bälle gerade den Hügel hinauf.

Die Spitze des Hügels bildet den »Tipping-Point«.

Wenn sie auf der anderen Seite des Hügels wieder herunterrollen oder überhaupt schon im Tal liegen, ist es zu spät. Dann kommt es für den größten Teil der derzeit rund 7,5 Milliarden auf diesem Planeten lebenden Menschen zu einer Katastrophe. Der Planet kann ihnen dann nicht mehr den Lebensraum anbieten, den sie brauchen.

Warum genau erwärmen Emissionen die Erde?

Dieser Planet und seine Atmosphäre boten uns Menschen immer einen guten Lebensraum. Das hat viel mit einigen leicht verständlichen physikalischen Phänomenen zu tun. So etwa muss die Sonnenstrahlung auf ihrem Weg zur Erde durch atmosphärische Gase, hauptsächlich durch Sauerstoff und Stickstoff, dringen. Einen Teil der Strahlung absorbiert die Erde, das heißt, sie nimmt ihn auf.

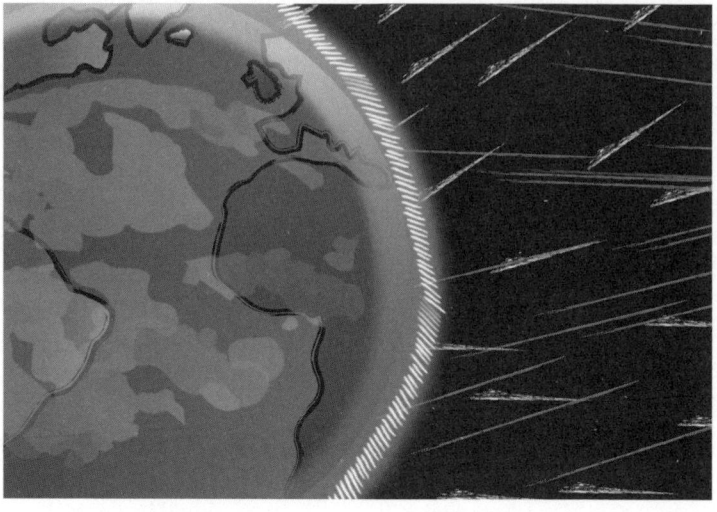

Ein anderer Teil der Sonnenstrahlung prallt von der Erde ab.
Eigentlich würde dieser Teil zur Gänze in den Weltraum zu-
rückgelangen, gäbe es in der Atmosphäre nicht einen natürlichen Anteil an Gasen wie Kohlendioxid, Methan oder Wasserdampf. Dieser Anteil ist winzig, doch ohne ihn wäre ein
Leben auf unserem Planeten kaum möglich. Denn diese Gase
nehmen die Energie abprallender Sonnenstrahlung auf und
erwärmen damit die Erde. Ohne diesen Effekt wäre es auf ihr
viel zu kalt.

Diese wärmespeichernden Treibhausgase machen weniger als ein Prozent der gesamten Atmosphäre aus. Diese Menge reguliert die Temperatur so, wie wir es lange gewohnt waren. Steigt der Anteil der Treibhausgase in der Atmosphäre, steigt auch die Sonnenenergie, die sie aufnehmen und damit die Temperatur auf der Erde. Es ist also für unser Wohlbefinden und für unser Überleben auf der Erde entscheidend, dass der Anteil der Treibhausgase in der Atmosphäre genau das richtige Maß hat. Sind es zu wenige, friert die Erde zu, sind es zu viele, überhitzt sie.

Beides – zu wenige Treibhausgase und dramatische Abkühlung sowie zu viele wärmespeichernde Gase und dramatische Überhitzung – ist möglich. Es sind realistische Szenarien. Beide hat es in der Vergangenheit der Erde auch bereits gegeben, das zeigen geologische Aufzeichnungen, die erdgeschichtliche Phasen des Klimawandels dokumentieren.

Dass Klimaforscher derzeit nachts schlecht schlafen, hat viel mit diesen Aufzeichnungen zu tun. Denn sie zeigen, dass es schon immer Klima-Feedback-Loops gab, die zumindest vorübergehend außer Kontrolle gerieten und das System zum »Kreischen« brachten, und dass sie das Klima der Erde schon immer abrupt verändert haben.

Wir können nicht ausschließen, dass wir uns jetzt gerade in einer Phase der abrupten Klimaveränderung befinden.

Wir verstehen die dahinterliegenden Zusammenhänge noch nicht ganz, aber sie bereiten uns große Sorgen. Denn wir wissen nicht, was kommt, und ein Blick in die Erdgeschichte zeigt, dass es sehr unangenehm werden kann. Die Folgen solcher Veränderungen waren für die jeweiligen Erdbewohner jedenfalls immer katastrophal.

Der Planet kann sich in einen Schneeball verwandeln, wie er es schon einmal getan hat. Er sieht dann aus dem Weltall nicht mehr meeresblau, sondern schneeweiß aus, weil er fast vollständig mit Schnee und Eis bedeckt ist.

Auch das Gegenteil davon hat die Erde in ihrer Geschichte bereits erlebt. Praktisch alles Eis war geschmolzen. Die dominierenden Lebewesen, die Dinosaurier, nutzten die erträglichsten Orte der Erde, die Pole, die damals von Wäldern und Sümpfen geprägt waren.

Die Ursache für die damaligen Veränderungen des Klimas
waren komplexe globale Prozesse. Diesmal ist es anders.
Zum ersten Mal in der Erdgeschichte ist der Mensch für
den Klimawandel verantwortlich.

Ein Blick auf die aktuelle natürliche Klimadynamik zeigt, dass sich die Erde eigentlich in einer Phase der Abkühlung befindet. Wir wissen aus sogenannten »Klimaproxy-Aufzeichnungen«, die sich auf natürliche Archive wie Baumringe, Stalagmiten, Eisbohrkerne, Korallen, See- oder Ozeansedimente und Pollen oder menschliche Archive wie historische Aufzeichnungen oder Tagebücher stützen, dass sich die Erde seit ungefähr 7.000 Jahren abkühlt.

Zunächst hat sich die Erde vom Höhepunkt der jüngsten Eiszeit vor 22.000 Jahren erholt, die Temperaturen stiegen an und kühlten dann langsam wieder ab. Bis etwa zur Zeit der industriellen Revolution vor 270 Jahren. Zu dieser Zeit begann der Mensch, enorme Mengen Kohlendioxid in die Atmosphäre zu blasen. Seitdem stieg der Kohlendioxid-Gehalt der Atmosphäre um mehr als vierzig Prozent (von 280 bis über 417 ppm, oder *Parts per Million*, zu Deutsch ein »Millionstel«) und bis zum Ende des Jahrhunderts könnte sich der Anteil noch einmal mindestens verdoppeln, wenn der Ausstoß so wie heute weitergeht (bis zu 800 ppm).

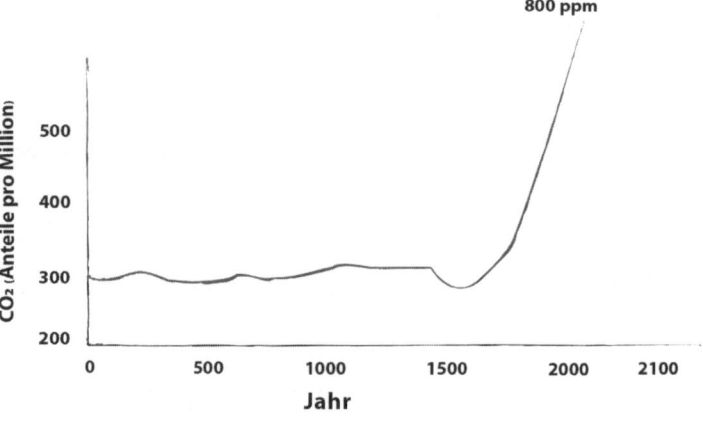

Von dem gesamten Kohlendioxid, das Menschen jedes Jahr in die Luft blasen, absorbieren die Ozeane etwa ein Viertel. Pflanzen nehmen weitere 31 Prozent auf, während die Atmosphäre 44 Prozent aufnimmt. Der Prozentsatz des emittierten Kohlendioxids, den die Natur aus eigener Kraft entfernt, schrumpft allerdings jedes Jahr, weil wir die Wälder zerstören und sich die Ozeane erwärmen. Die zweite Hälfte, der wachsende Anteil, bleibt in der Atmosphäre, sammelt sich im Laufe der Zeit an und erhöht die globale Durchschnittstemperatur.

Ohne menschliches Wirken, ohne Emissionen von Kohlendioxid und anderen Treibhausgasen, würde es also nach wie vor allmählich kühler werden. Doch genau das Gegenteil ist der Fall. Durch die zu große Menge an Treibhausgasen in der Atmosphäre, die zu viel Sonnenenergie auffangen, die Erdatmosphäre aufheizen und die Klima-Feedback-Loops in Bewegung setzen, wird es immer heißer.

Der Klimapionier Warren Washington, Empfänger einer vom amerikanischen Präsidenten für herausragende Beiträge zur Weiterentwicklung des Wissens verliehenen *National Medal of Science*, sagte bereits in den 1960er-Jahren mit Hilfe von Modellen die Zukunft der atmosphärischen Erwärmung und die Rolle von Feedback-Loops voraus. Washington, der jetzt am *Distinguished Scholar National Center for Atmospheric Research* wirkt, führte Forschungen durch, die den Grundstein für die Modelle bildeten, die genau vorhergesagt haben, was wir heute sehen und was die Zukunft bringt. Solche Forschungen sind von entscheidender Bedeutung, um Maßnahmen zur Vermeidung von Katastrophen zu setzen.

Wir haben uns als Menschheit mit Kräften eingelassen, die uns schon bei ihrer präzisen wissenschaftlichen Analyse an die Grenzen des Möglichen bringen und bei denen wir dementsprechend weit davon entfernt sind, sie kontrollieren zu können.

Umso wichtiger ist es, die Forschung voranzutreiben, und die hat dabei auch schon Fortschritte erzielt. Dank der seit Jahrzehnten stattfindenden Grundlagenarbeit lässt sich anhand von digitalen Modellen heute schon relativ genau vorhersagen, was uns die Zukunft bringen wird, was wir tun müssen und welche Richtlinien wir in der Klimapolitik brauchen, um Katastrophen abzuwenden.

Deshalb warnt der Klimaforscher Phil Duffy, Präsident des *Woodwell Climate Research Center*: »Die Klimapolitik muss jedenfalls so gestaltet sein, dass wir die wichtigen Schwellenwerte nicht überschreiten. Andernfalls wäre das Risiko viel zu groß. Denn im Detail kennen wir die Effekte der Klimaerwärmung noch immer nicht. Was geht gerade noch? Wie viel Erwärmung ist gerade noch in Ordnung? Sind zwei Grad in Ordnung? Sind eineinhalb Grad in Ordnung? Wenn wir es zulassen, dass irreversible Kettenreaktionen in Gang kommen, sind wir nur noch Zuschauer und müssen mit dem Schlimmsten rechnen.«

Dennoch blasen wir immer weiter Kohlendioxid und andere Gase, die Wärme einfangen, in die Atmosphäre. Mike Coe, der ebenfalls am *Woods Hole*-Forschungszentrum wirkt, beschreibt, was wir derzeit tun, mit einem einprägsamen Bild. »Derzeit geht es uns, als würden wir im Auto durch dichten Nebel fahren. Wir wissen, dass es da draußen irgendwo eine Klippe gibt, aber wir wissen nicht genau wo. Sollen wir trotzdem mit sechzig Meilen die Stunde weiterfahren? Oder doch lieber nur mit zehn Meilen die Stunde?"

Heute haben wir noch die Wahl. Wenn wir den Fuß vom Gas nehmen, die Waldrodung stoppen und die Erde wieder begrünen, können wir die Feedback-Loops vielleicht sogar umkehren und damit beginnen, den Planeten abzukühlen.

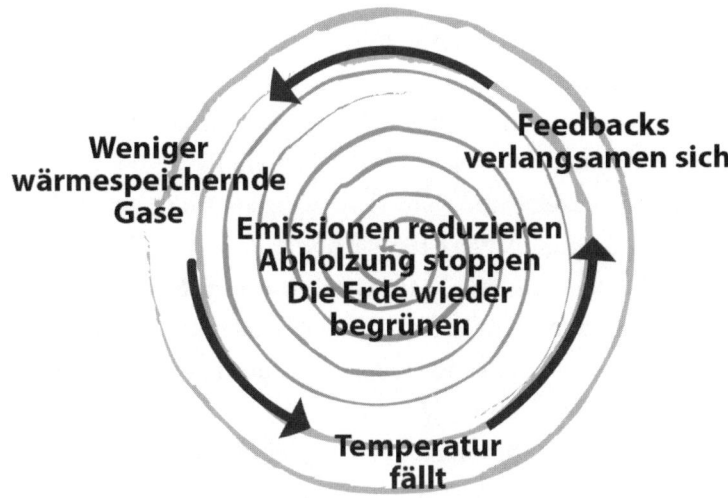

Die Lösung des Problems der Klima-Feedback-Loops besteht im Wesentlichen darin, weg von den fossilen Brennstoffen und hin zu einer grünen Erde zu kommen. Daran führt kein Weg vorbei.

Es gibt ermutigende Signale. Kopenhagen zum Beispiel hat bereits vor einigen Jahren das ehrgeizige Ziel beschlossen, bis 2025 als erste Stadt klimaneutral zu sein. Die dänische Hauptstadt gilt weltweit als Vorbild bei der Umsetzung einer klimafreundlichen Stadtpolitik.

Andere Länder haben ihren Stromsektor innerhalb von zehn bis zwölf Jahren weitgehend dekarbonisiert. Sie haben dadurch über den Klimaschutz und eine höhere Luftqualität hinaus viel gewonnen. Denn in der Phase der Dekarbonisierung ist in allen diesen Ländern die Wirtschaft stark gewachsen. Wir haben also mehr als einen

Grund, solche Maßnahmen jetzt sofort und ernsthaft umzusetzen.

Was nicht bedeutet, dass sich das Problem auf diese Weise über Nacht lösen lässt. Denn selbst wenn die Politik die richtigen Anreize im richtigen Ausmaß setzt, dauert es eine Weile, bis sich das Klima erholt.

Das ist schlimmer, als es klingt. Denn selbst, wenn wir genau jetzt damit aufhören würden, Kohlendioxid zu emittieren, dauert es Tausende von Jahren, bis das Klimasystem auf natürliche Weise wieder dorthin zurückkehrt, wo es war, bevor wir daran herumzupfuschen begonnen haben.

Und wir sind noch längst nicht einmal bei diesem Szenario. Wenn wir in der Industrie mit der bisherigen Geschwindigkeit weitermachen, wird sich der Kohlendioxidgehalt der Atmosphäre gegenüber dem vorindustriellen Niveau in etwa verdreifachen.

Wissenschaftler schätzen, dass bereits die derzeit realistische Verdoppelung des Kohlendioxids in der Atmosphäre gegenüber dem vorindustriellen Niveau zu einem Temperaturanstieg von bis zu acht Grad Celsius führen kann, was zum Tod von Millionen Menschen und zum Verlust zahlloser Arten führen wird.

Wir können also sagen: Wir haben die Technologie und das Wissen, um das Problem zu lösen. Wir können die Klima-Feedback-Loops stoppen und sogar umkehren. Aber wir brauchen Entscheidungsträger in der Politik und in der Wirtschaft, die das auch anpacken. Sie müssen die Dringlichkeit verstehen. Und wir brauchen eine engagierte Öffentlichkeit, die sich für diese so nötigen und essentiellen Veränderungen einsetzt. Wir brauchen eine Gesellschaft, in der alle alles tun, um ihre Emissionen zu reduzieren. Die sich bewusst ist, dass sie damit das Leben ihrer Kinder und Enkel in der Zukunft sehr viel besser macht und vielleicht überhaupt erst ermöglicht.

Einfach wird das nicht. Wir haben das Problem zu lange ignoriert. In seiner wahren Tragweite ist es noch immer erst einer Minderheit bewusst.

»Der Erde wird es gut gehen. Leider werden wir auf unserem Weg eine Menge von Spezies verlieren, aber in der Vergangenheit gab es wiederholt bereits katastrophales Aussterben. Ich mache mir also keine Sorgen um den Planeten. Ich mache mir Sorgen um uns.«

(Kerry Emanuel, Professor für Meteorologie

am Massachusetts Institute of Technology)

»Jede große Veränderung im Laufe der Geschichte ist von den Menschen ausgegangen. Wir müssen nicht warten. Wir können sofort mit der Veränderung beginnen. Wir, die Menschen.«

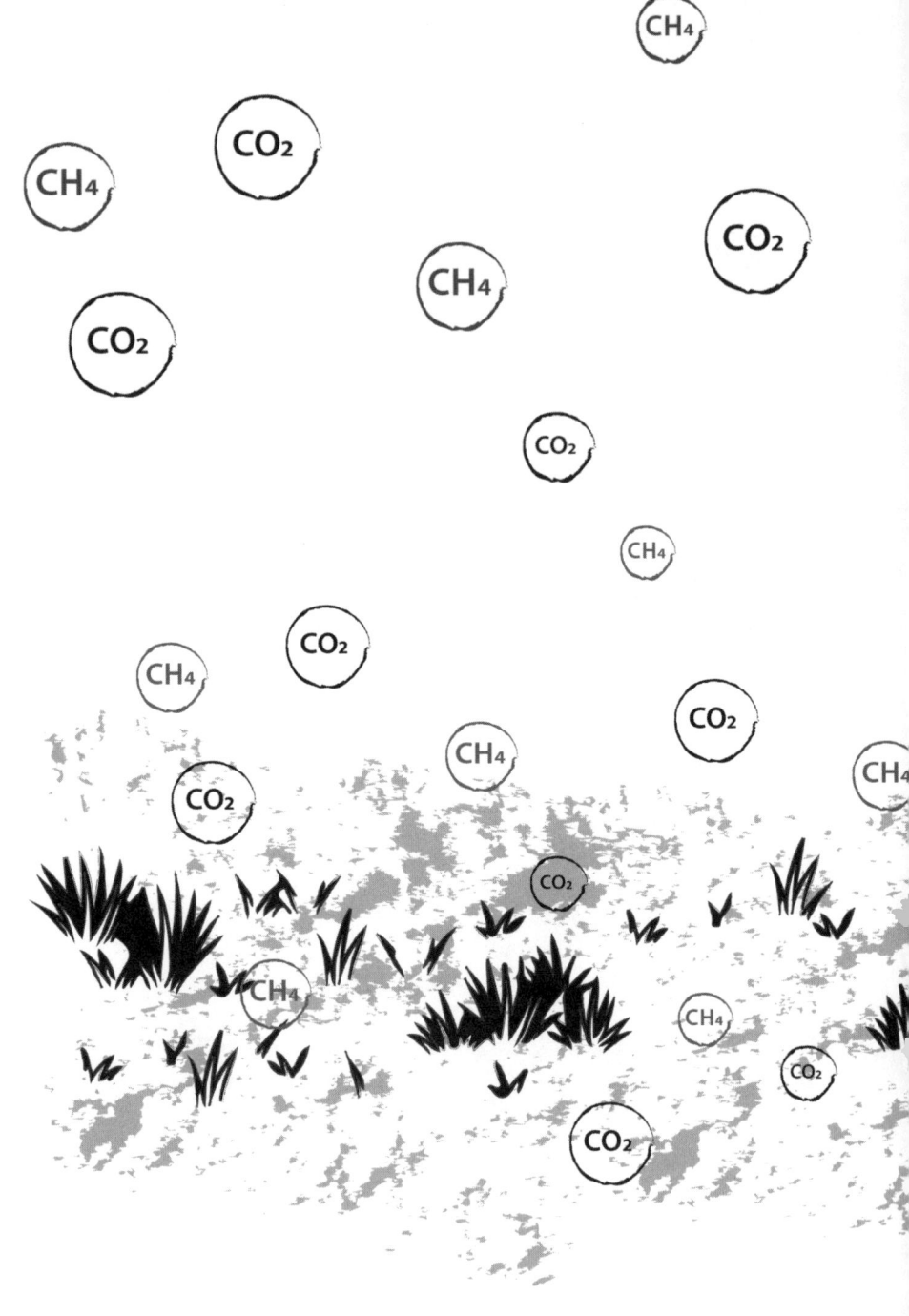

DER PERMAFROST-
FEEDBACK-LOOP

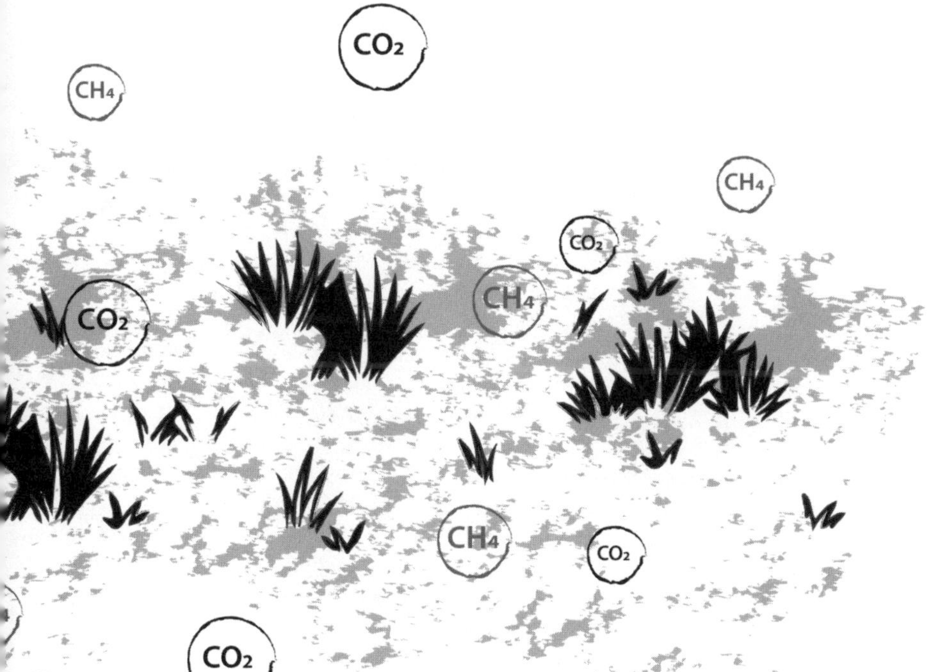

Zehntausende Jahre lang waren die Böden in den meisten nördlichen
Teilen der Welt kontinuierlich gefroren. Wenn sie auftauen, hat das
nicht nur Auswirkungen auf die regionale Bevölkerung, die dann
Gummistiefel statt Fellschuhe braucht. Denn mit den Böden tauen
auch pflanzliche und tierische organische Substanzen auf, die bei
ihrer Zersetzung Kohlendioxid und Methan in die Atmosphäre ab-
geben. Ein viel zu wenig bekannter gefährlicher Kreislauf kommt in
Gang, den wir jetzt noch, aber bald nicht mehr stoppen können.

Eine Wissenschaftlerin, die ihr Leben dem Problem Klimawandel gewidmet hat, zeigt uns anhand ihrer Erfahrungen
im Feld und in ihrem Labor, was die Welt nicht sieht. Ihr wis-
senschaftliches Engagement hat Dr. Susan Natali vor allem
in die sich rasch erwärmende Arktis geführt. Im *Woodwell
Climate Research Center* in Falmouth, Massachusetts, leitet sie
ein Programm, das sich mit der Arktis befasst. Sie ist damit
eine weltweit führende Expertin für eines der größten Probleme, die der Klimawandel mit sich bringt: Auf der ganzen
Welt häufen sich schwere Waldbrände, Hitzewellen, Überschwemmungen und Dürren, doch nirgends sind diese Auswirkungen des Klimawandels so gravierend wie in der Arktis, was deren Bewohner seit mehr als einem Jahrzehnt mit
wachsender Sorge beobachten. Kaum jemand weiß mehr als
Dr. Susan Natali über einen der Klima-Feedback-Loops, den
Permafrost-Feedback-Loop, der das Leben in der Arktis verändert und der dazu beiträgt, dass die Temperaturen doppelt
so schnell wie im Rest der Welt steigen. Stark verkürzt gesagt funktioniert dieser Feedback-Loop so:

- *Die Temperaturen steigen.*
- *Die Permafrostböden tauen auf.*
- *Mikroben bauen organischen Kohlenstoff ab.*
- *Kohlendioxid und Methan gelangen in die Luft.*
- *Die Atmosphäre erwärmt sich weiter.*
- *Mehr Permafrostböden tauen auf.*
- *Der Kreislauf geht weiter.*

Was genau passiert da und wozu führt es?

In der nördlichen Hemisphäre sind ungefähr 15 Prozent des Landes von einer eisigen Fläche bedeckt, den sogenannten Permafrostböden, also von Böden, die bisher das ganze Jahr über gefroren waren. Von der Oberfläche bis hinunter in eine Tiefe von tausenden Metern enthält dieser Boden Milliarden Tonnen an kohlenstoffreichen Pflanzen- und Tierüberresten, die bisher ebenfalls ständig gefroren waren. Durch menschliche Aktivitäten tauen diese Böden samt dieser Überreste nun allmählich auf. Ein Problem, das die Welt bisher sträflich vernachlässigt, und dessen Dimensionen sich ganz einfach anhand von zwei Zahlen zeigen lässt: Die Permafrostböden enthalten doppelt so viel Kohlenstoff, wie sich heute in Form von Kohlendioxid in der Atmosphäre befindet, und dreimal so viel wie alle Wälder der Welt zusammen.

Gefährliche Mikroben

Das wäre noch immer kein Problem, weil sich Kohlenstoff nicht von selbst in Kohlendioxid verwandelt, das dann in die Atmosphäre aufsteigt. Doch mit dem Auftauen dieser Böden erwachen auch mikroskopisch kleine Organismen, sogenannte Mikroben, und die richten den Schaden an.

Der Wissenschaftler Andrew Tanentzap von der *University of Cambridge*, der viel über Mikroben weiß, kann gut erklären, warum wir unser Augenmerk auf sie legen müssen. »Würden wir alle Mikroben auf der Erde abwiegen, würden wir feststellen, dass sie etwa fünfzig Mal mehr wiegen als alle Tiere der Erde zusammen«, schätzt er.

Mikroben ernähren sich von den neuerlich aufgetauten Überresten von Pflanzen und Tieren, die sie dort vorfinden. Auch das wäre noch kein Problem, würden sie nicht als Nebenprodukt dieser Nahrungsaufnahme Kohlendioxid und Methan produzieren.

Wollen wir beobachten, wie steigende Temperaturen mikrobielle Aktivität beschleunigen, können wir das auch in unserer Küche tun. Denn es ist, als würden wir ein Huhn aus der Gefriertruhe holen, es auf die Anrichte legen und dann für das Wochenende verreisen. Wenn wir zurückkommen, riecht es im ganzen Haus unangenehm und das Huhn hat sich zu zersetzen begonnen. Das Gleiche passiert mit den pflanzlichen und tierischen Überresten in den auftauenden Permafrostböden. Der darin enthaltene Kohlenstoff ist sozusagen der Treibstoff für die Mikroben und das Kohlendioxid und das Methan, das sie dabei freisetzen, können wir uns als Abgase dieses Prozesses vorstellen.

Kurz zusammengefasst lässt sich der dadurch bedingte Klima-Feedback-Loop also so beschreiben:

Angetrieben von Emissionen, die bei der Verwendung fossiler Brennstoffe entstehen und die Temperaturen in der Arktis erhöhen, verstärken Mikroben die Erwärmung beim Auftauen der Permafrostböden weiter, indem sie Jahrtausende alte pflanzliche und tierische Überreste in diesen Böden zersetzen, dabei Kohlendioxid und Methan produzieren und das Klima in einer sich irgendwann ganz von selbst fortsetzenden Schleife noch weiter erwärmen.

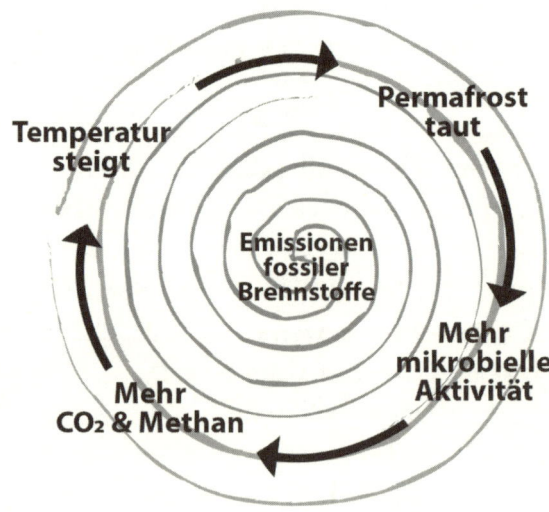

Welche Treibhausgase die Mikroben freisetzen, Kohlendioxid oder Methan, hängt von der Umgebung ab, in der sie den Kohlenstoff verdauen. Gibt es dort viel Sauerstoff, wie etwa in festen Böden oder an der Oberfläche von Seen, setzen sie Kohlendioxid frei. Mangelt es dort an Sauerstoff, wie in Sümpfen oder in schlammigen Seeböden, produzieren sie Methan. Wie wir schon gehört haben, speichert Methan im Vergleich zu Kohlendioxid etwa dreißig Mal mehr Wärme.

Methan in der Atmosphäre belastet das Klima also dreißig Mal so stark wie die gleiche Menge Kohlendioxid.

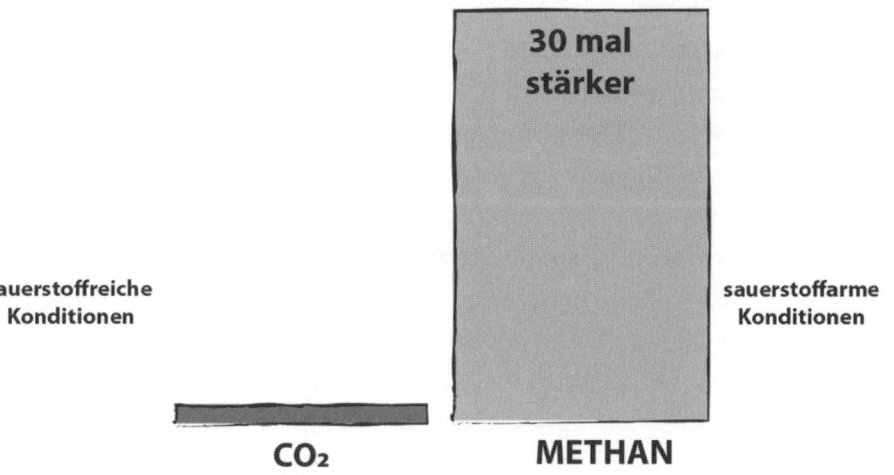

150 Millionen Tonnen Kohlendioxid und Methan

Dieser verhängnisvolle Prozess steht noch am Anfang. Erst ein geringer Teil der Permafrostböden ist bisher aufgetaut. Der Permafrost-Feedback-Loop beginnt sich also erst zu drehen. Doch er nimmt Fahrt auf.

Wie sich auftauende Permafrostböden auf das globale Klima auswirken, lässt sich anhand von Bohrkernen aus verschiedenen Permafrostböden der Arktis ermessen. Ihre Laboranalyse zeigt, wie viel Kohlenstoff sie enthalten. Daraus lässt sich errechnen, wie viel Kohlendioxid die Mikroben jeweils freisetzen werden. Meistens vermittelt der erste Blick auf diese Bohrkerne bereits einen Eindruck davon. Wenn sie von organischen, reichen, tiefen, moorigen Böden stammen, ist dieser Kern dunkelbraun, was bedeutet, dass er viel Kohlenstoff enthält. Insgesamt 150 Millionen Tonnen Kohlendioxid und Methan könnten bis zum Ende dieses Jahrhunderts durch auftauende Permafrostböden in die Atmosphäre gelangen.

150 Millionen Tonnen Kohlendioxid und Methan, dieser Wert entzieht sich unserem Vorstellungsvermögen. Vergleichen wir ihn also mit etwas, das wir uns besser vorstellen können. Zum Beispiel mit der Gesamtemission des weltweit zweitgrößten Treibhausgasemittenten, der USA. Wenn wir die aktuelle jährliche Treibhausgasemission der USA bis zum Ende des Jahrhunderts, also bis zum Jahr 2100 hochrechnen, kommen wir ebenfalls auf 150 Millionen Tonnen.

Wenn wir nichts dagegen unternehmen, werden die winzigen Mi-
kroben in den auftauenden Permafrostböden in den kommenden
78 Jahren also genauso viele Treibhausgase produzieren wie alle
amerikanischen Autos, Lastwägen, Schiffe, Flugzeuge, Fabriken,
Kraftwerke und so weiter zusammen.

Der Trend dabei geht derzeit genau in die falsche Richtung. Denn gerade in den vergangenen Jahren tauten die Permafrostböden besonders schnell auf. In der Tundra war es besonders warm. Die Temperaturen kletterten dort teilweise auf bisher unvorstellbare 32 Grad.

Auftauende Permafrostböden beeinflussen aber nicht nur das Klima, sondern verändern auch die Landschaft vollständig. Es gab Gegenden, in denen die Forscher beim Gehen unversehens in den Boden einsanken, was sie so dort noch nie erlebt hatten. Sie hatten auch noch nie erlebt, dass solche und noch viel massivere Veränderungen so schnell, buchstäblich von einem Jahr zum anderen, vor sich gehen können.

Ein dramatisches Beispiel dafür ist Duvanny Yar im Nordosten Sibiriens. Dort ist der Permafrostboden in bisher nie dagewesenem Ausmaß aufgetaut und die jahrtausendealte Bodenstruktur ist fast völlig in sich zusammengebrochen. Erdrutsche haben Klippen hinterlassen, die viele Stockwerke hoch sind. Wer sie sich näher ansieht, erkennt im Erdreich feine Wurzeln, die Tausende Jahre lang gefroren waren. Einmal aufgetaut, zersetzen sie sich binnen eines einzigen Jahres.

Dazu kommen Löcher, die wahrscheinlich von Methanansammlungen unter der früheren dicken Eisschicht herrühren. Die schmelzende Eisschicht gibt dem Druck des Gases irgendwann nach und es kommt jeweils zu einer Art Explosion. Innerhalb von ein bis zwei Jahren werden aus diesen Kratern Seen, die besonders viel Methan an die Atmosphäre abgeben.

Manche Seen, die durch auftauende Permafrostböden entstehen, geben so viel Methan an die Atmosphäre ab, dass sie sich anzünden ließen.

Die auftauenden Permafrostböden bleiben dabei nicht etwa ein Problem der Arktis allein. Die dabei entstehende zusätzliche Wärme vermischt sich mit der Atmosphäre rund um die Welt und bewirkt alle möglichen Arten globaler Katastrophen. Ernteausfälle im Mittleren Westen der USA zum Beispiel, Dürreperioden und Überschwemmungen in Afrika oder rekordverdächtige Hitzewellen in Indien.

Durch den Permafrost-Feedback-Loop kommen zudem weitere ebenso faszinierende wie gefährliche Kreisläufe in Gang, die noch viel weniger Menschen bewusst sind als das Problem mit diesen Feedback-Loops selbst. So etwa wandern durch die höheren Temperaturen Pflanzenarten aus dem Süden weiter hinauf in den Norden. Viele dieser Pflanzenarten bieten den Mikroben dort reichhaltigere Nahrungsquellen als die Kiefernnadeln, die sie als recht einseitiges Angebot bisher vorfanden.

Konkret erobern laubwerfende Baumarten wie Ahorn und Eiche neue Gebiete für sich und versorgen die Mikroben mit einer viel größeren Auswahl an organischer Materie. Mehr Auswahl an Nahrungsmitteln bedeutet auch mehr mikrobielle Aktivitäten. So etwa kommt dadurch auch die Methanproduktion in bisher besonders sauerstoffarmen, schlammigen Seeböden und auf den sich begrünenden Seeoberflächen richtig in Schwung.

»Zu dieser Verschiebung stärker methanproduzierender Pflanzenarten vom Süden in den Norden kommt es nicht nur in den nördlichen Breiten, sondern etwa auch in Neuengland im Nordosten der USA oder in der Region der großen Seen, die einen Großteil der kanadischen Provinz Ontario, des amerikanischen Bundesstaates Michigan sowie

Teile von sieben weiteren Bundesstaaten umfasst«, betont der *Cambridge*-Forscher Tanentzap.

Laubbäume sind leider nicht die einzige südliche Gattung, die es in den Norden zieht. Tanentzap verweist etwa auf die Rohrkolben. Das sind Wasser- und Sumpfpflanzen, die vor allem rund um Seen und Sümpfe dichte Bestände entwickeln können. Wann immer Tanentzap und sein Team die Methanproduktion durch Rohrkolben mit jener durch Pinien, Eichen oder Ahornbäume verglichen, war das Ergebnis alarmierend. Mit dieser Pflanzenart, die aufgrund ihrer auffallenden Fruchtstände im Deutschen auch als Schlotfeger, Lampenputzer oder Kanonenputzer bekannt ist, stieg das von den Seeablagerungen abgegebene Methan auf das Vierhundertfache.

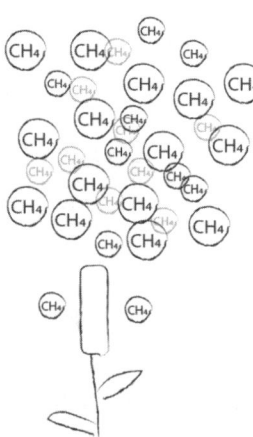

**400 mal mehr
Methan**

Modelle zeigen, dass sich die Zahl der Rohrkolben um die nördlichen Seen in den kommenden fünfzig Jahren verdoppeln wird. Da mehr Rohrkolben in Folge auch mehr Methan bedeuten, wird die Methanproduktion aller nördlichen Seen voraussichtlich um siebzig Prozent zunehmen.

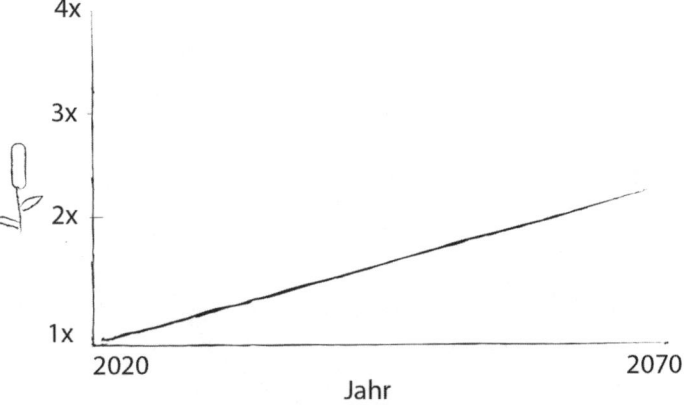

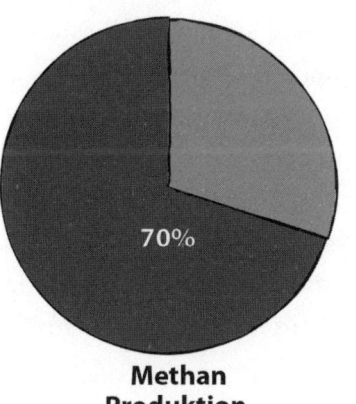

**Methan
Produktion**

Das ist aus der globalen Perspektive des Klimawandels gesehen etwas, worüber wir uns wirklich Sorgen und Gedanken machen müssen. Wir müssen dem entgegenwirken und es ausgleichen.

Heute haben wir noch die Wahl

Wir können wie gewohnt weitermachen und die Permafrost-Feedback-Loops außer Kontrolle geraten lassen.

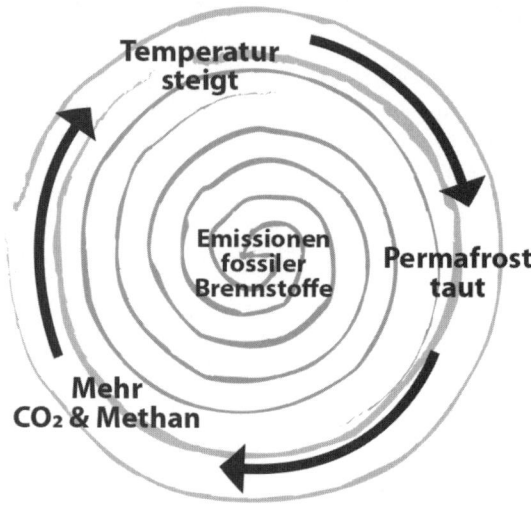

Unsere zweite Möglichkeit besteht darin, uns für eine andere Lebensweise zu entscheiden. Wir können Konzepte einführen, die eine nachhaltige Zukunft unterstützen. Wir können den Verbrauch fossiler Brennstoffe eindämmen und die Erde neu begrünen. Dies würde die Permafrost-Feedback-Loops genau wie alle anderen Feedback-Loops, von denen wir auf den nächsten Seiten erzählen, verlangsamen, schließlich sogar umkehren und den Planeten erneuern.

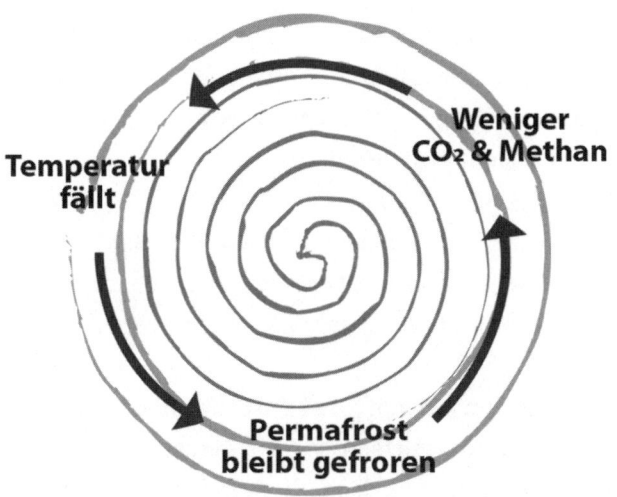

Je weniger Erwärmung wir erzeugen, desto weniger
Kohlendioxid und Methan setzen auftauende Permafrostböden
frei, desto stärker kühlt sich die Erde ab und desto mehr Permafrostböden bleiben gefroren oder frieren, wenn sie schon
aufgetaut sind, sogar wieder ein.

Die Chance dazu haben wir noch, doch einfach ist es schon
jetzt nicht mehr. Es gibt einige Orte auf diesem Planeten,
an denen die physikalischen Auswirkungen auftauender
Permafrostböden sich schon jetzt kaum noch rückgängig machen lassen. An anderen ist es aber sehr wohl noch
möglich, dass bereits aufgetaute Böden wieder einfrieren.

Ein Prozess, zu dem wir überall auf der Welt beitragen
können. Denn in der globalen Atmosphäre vermischen
sich Treibhausgase miteinander, egal woher und aus wel-

chen Quellen sie kommen. Wir können deshalb auch durch klimafreundliche Maßnahmen in jedem anderen Kontinent dazu beitragen, dass Permafrostböden gefroren bleiben oder wieder einfrieren.

Wer auch immer wo auch immer etwas tut, das die Erderwärmung verringert, verringert sie nicht nur in seinem eigenen Land und auf seinem eigenen Kontinent, sondern überall auf der Welt.

Wollen wir den Permafrost-Feedback-Loop aufhalten oder sogar umkehren, müssen wir als derzeit wichtigste Maßnahme unseren politischen Entscheidungsträgern beharrlich klarmachen, wie wichtig uns eine Lösung dieses Problems ist. Sie müssen verstehen, dass es jeden von uns betrifft, und zwar unmittelbar, und weil es mit unserem Wohlbefinden, mit unserer Gesundheit und unserer Chance, so zu leben wie wir leben wollen, zu tun hat.

Neben dieser Beharrlichkeit brauchen wir ein bisher noch nie dagewesenes Maß an gesellschaftlicher Zusammenarbeit sowie an Zusammenarbeit innerhalb von Nationen und zwischen den Nationen.

Die Wissenschaft spielt dabei eine wichtige Rolle. Ihre Aufgabe ist es, den politischen Entscheidungsträgern und uns allen die möglichen Varianten unserer Zukunft auf diesem Planeten immer wieder vor Augen zu führen, solange wir noch die Wahl haben.

Zusammenfassung

Ganzjährig gefrorene Böden, genannt Permafrostböden, verändern überall, wo sie auftauen, die Landschaft. Die Böden können nachgeben, die Häuser und die Infrastruktur können Schaden nehmen und die Menschen, die auf diesen Permafrostböden leben, sind gefährdet. Neben diesen unmittelbaren lokalen Effekten wirkt sich ihr Auftauen auf alle Menschen auf dem Planeten aus. Denn die globale Durchschnittstemperatur steigt. Die Ursache dafür ist die enorme Menge an organischem Kohlenstoff, die in Permafrostböden gespeichert ist. Dort befindet sich doppelt so viel davon wie derzeit in unserer Atmosphäre enthalten ist und dreimal so viel, wie in allen Bäumen und in allen Wäldern auf dem Planeten zusammen.

Dieser Kohlenstoff ist seit Jahrtausenden gefroren und beginnt jetzt aufzutauen. Mikroben bauen ihn ab und geben dabei die Treibhausgase Kohlendioxid und Methan an die Atmosphäre ab. Beide tragen zur Erderwärmung bei, Methan sogar noch stärker als die gleiche Menge Kohlendioxid. Erwärmung führt wiederum zu häufigerem und großflächigerem Auftauen von Permafrostböden, was wiederum zu mehr Erwärmung führt. Dies ist der Permafrost-Feedback-Loop.

Wie viele Permafrostböden auftauen und wie viele Treibhausgase dadurch in die Atmosphäre entweichen, hängt von den Maßnahmen ab, die wir jetzt ergreifen, um die Emissionen durch fossile Brennstoffe zu begrenzen. Emittieren wir weiterhin so viel Kohlendioxid, werden die Kohlendioxid- und Methan-Emissionen der Permafrostböden erheblich sein. Sie könnten bis zum Ende dieses Jahrhunderts genauso groß sein wie die Emissionen der gesamten USA.

Reduzieren wir die Emissionen fossiler Brennstoffe hingegen erheblich, können wir den Permafrost-Feedback-Loop verlangsamen, stoppen oder sogar umdrehen. Wenn wir ihn umdrehen, frieren bereits aufgetaute Permafrostböden wieder ein und die Erde kann wieder auf ihre natürliche Temperatur abkühlen.

Die Politik unterschätzt die Bedeutung des Permafrost-Feedback-Loops noch bei weitem. Das zeigt sie etwa, indem sie seine Effekte bei der Berechnung der globalen Kohlendioxid-Budgets (auch Kohlenstoffbudgets oder Kohlendioxid-Kredite genannt), noch gar nicht berücksichtigen. In allen politisch bedeutenden Klima-Modellen fehlen sie einfach, wie Susan Natali unterstreicht:

Um unser Klima unter Kontrolle zu halten und das Gleichgewicht auf unserem Planeten wiederherzustellen, kommt es also darauf an, Entscheidungsträger der Politik und der Wirtschaft auf den Permafrost-Feedback-Loop hinzuweisen.

RENTIER RUDOLPHS LETZTE STUNDE

Wie der Permafrost-Feedback-Loop den russischen Rentieren zu schaffen macht.

Wissenschaftliche Erklärungen für Phänomene, seien es noch so eindringliche, kommen doch immer etwas schwer an uns heran. Probleme erschließen sich uns oft erst aufgrund individueller Betroffenheit, aufgrund von Geschichten, die sie emotional greifbar machen. Solche Geschichten gibt es über alle Klima-Feedback-Loops in großer Zahl. Jeweils eine dieser Geschichten soll hier erzählt werden. Im Fall des Permafrost-Feedback-Loops soll es die der russischen Rentiere sein. Schon jetzt verändert dieser Feedback-Loop das Leben vieler Menschen und Tiere sowie ganzer Tierarten, doch die Geschichte der Rentiere, die uns nicht zuletzt wegen des Films *Rudolph the Red-Nosed Reindeer* so vertraut sind, macht das Dilemma besonders deutlich.

Umweltwissenschaftler aus Russland beobachteten im August 2020 eine beunruhigende Entwicklung. Die Rentiere, die jedes Jahr im Süden des Landes überwintern, wanderten so früh wie noch nie zurück in den hohen Norden. Wegen der frühen Eisschmelze mussten sich selbst trächtige Tiere und Jungtiere durch die eisigen Fluten von Flüssen kämpfen, die sie auf ihren bisherigen Wanderungen auf dickem Eis überqueren konnten. Viele Jungtiere ertranken, weil ihnen für diese Strapazen noch die Kräfte fehlten.

Bereits sieben Jahre zuvor, im Jahr 2013, hatten die hohen Temperaturen mitten im Winter den Rentieren zu schaffen gemacht. Es regnete, was zu dieser Jahreszeit dort sonst nie vorkam. Der Regen gefror und bedeckte die kargen Weideflächen der Rentiere mit einer dicken Schicht an Eis. Rentiere sind es gewohnt, sich durch den Schnee zu ihrer Nahrung zu graben, doch am Eis scheiterten sie. Zehntausende verhungerten.

Das ist noch immer nicht alles an Problemen, die der Permafrost-Feedback-Loop den russischen Rentieren bereitet. So tauchten mit den auftauenden Permafrostböden Krankheitserreger und Bakterien wieder auf, die in Russland längst als besiegt galten. Ganze Rentierherden starben deshalb schon am Milzbrand-Erreger. Ein Problem, das aus dem Tierreich auch auf die Menschheit überspringen kann. 2016 nahmen Menschen den Erreger durch das Fleisch eines kranken Rentiers auf. Einige von ihnen landeten in Krankenhäusern, ein Bub starb an den Folgen der Infektion.

Der Bestand der am Nordpolarmeer lebenden Tundra-Rentiere hat sich in den vergangenen zehn Jahren um fast die Hälfte verringert. Eine traurige Entwicklung, sind Rentiere doch für viele indigene Völker lebenswichtig und für das Funktionieren der Ökosysteme von erheblicher Bedeutung. Ohne Rentiere könnten viele Menschen nicht mehr existieren. Ganz zu schweigen von all den anderen Spezies, die von ihnen abhängig sind.

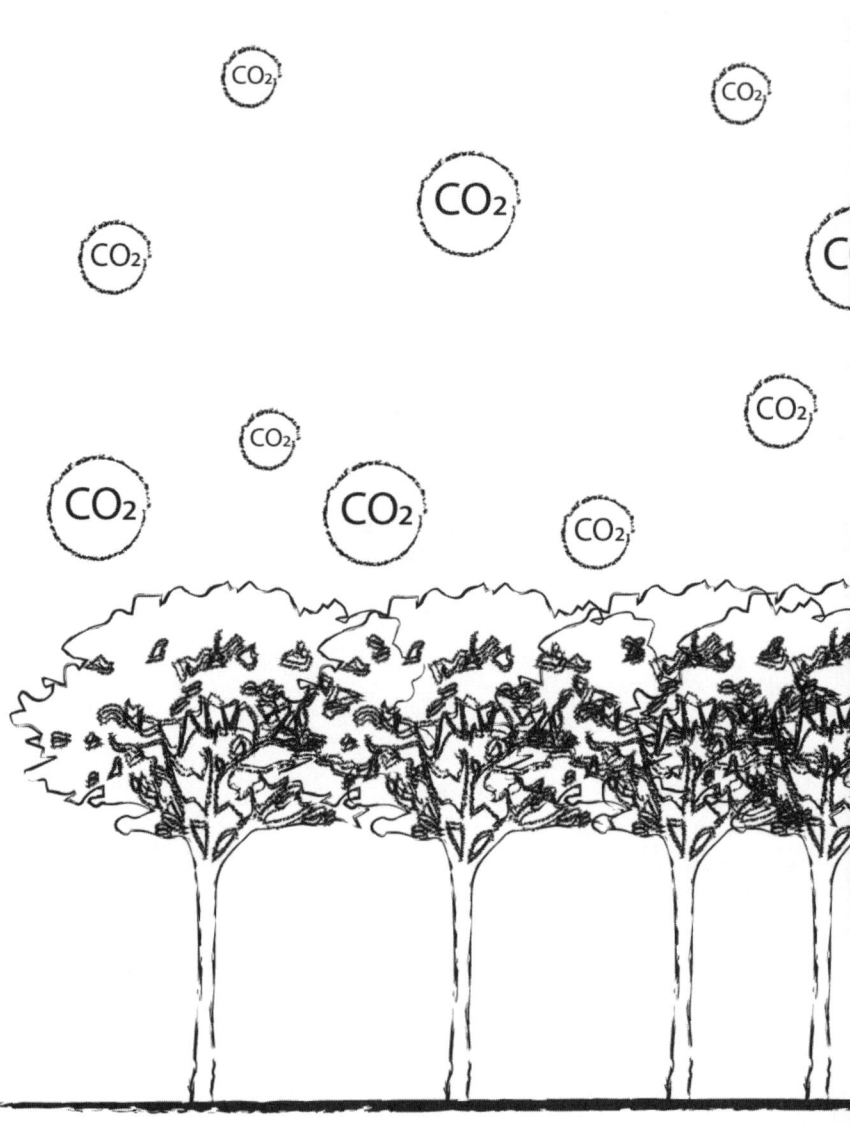

DER WALD-FEEDBACK-LOOP

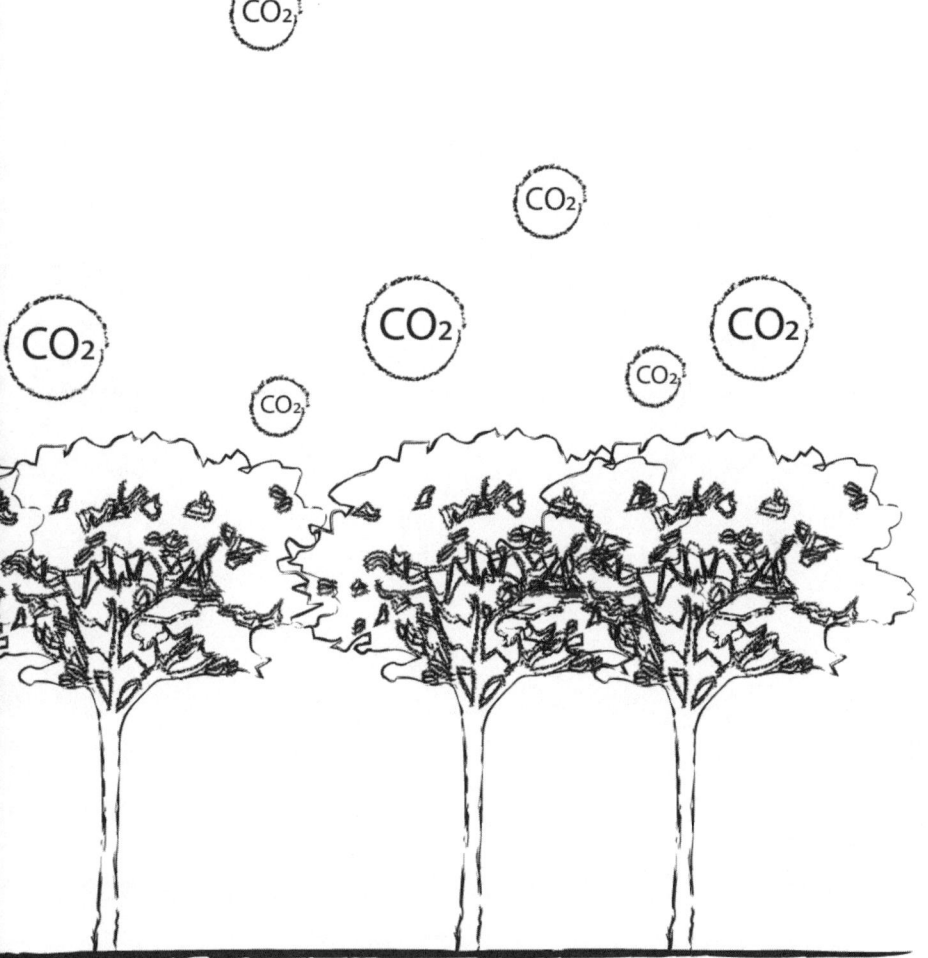

Wir alle wissen, dass Bäume durch ihre Fähigkeit zur
Photosynthese einen wesentlichen Beitrag zum Schutz unseres
Planeten leisten. Denn dabei entnehmen sie der Atmosphäre Un-
mengen des Treibhausgases Kohlendioxid. Was in den wenigsten
Klima-Modellen und -Prognosen Berücksichtigung findet, sind die
Kreisläufe, die mit der Erderwärmung entstehen. Wenn wir nicht
schnell handeln, um diese Entwicklung zu verhindern, wird der
Wald-Feedback-Loop alle noch nicht gerodeten oder
abgebrannten Wälder vernichten.

Wir wissen nun, dass sich die Arktis aufgrund der Klimakrise schneller als der Rest der Welt erwärmt. Die Gründe dafür sind einerseits der Verlust von reflektierenden
Schnee- und Eisflächen, zum anderen die Treibhausgase
in der Atmosphäre. Permafrostböden tauen deshalb auf
und setzen noch mehr Treibhausgase frei. Ein verhäng-
nisvoller Klima-Feedback-Loop, der die Erde irgendwann
ganz von selbst und auch ohne unser Zutun immer weiter
erwärmen kann, ist so in Gang gekommen. Doch es gibt
noch mehr Klima-Feedback-Loops, mit denen sich die Politik, die Wirtschaft, alle Mächtigen dieser Welt und alle
Menschen befassen müssen, wenn dieser Planet bewohnbar bleiben soll. Ein besonders wichtiger davon hat mit
Bäumen zu tun.

Das Wunder Baum

Jeder Baum für sich ist ein kleines Wunder, ein ganzer Wald ist erst recht eines. »Es ist erstaunlich, wie die Bäume eines Waldes ein Baumkronendach bilden, das gleichmäßig ist und ziemlich dicht sein kann«, sagt der an anderer Stelle in diesem Buch bereits zu Wort gekommene Ökologe und Pflanzenbiologe George Woodwell. »Sie teilen den Raum dort oben untereinander auf, als hätten sie bereits im Voraus entschieden: Du bekommst dieses Stück vom Himmel und ich bekomme jenes. Es steckt natürlich kein Plan der Bäume dahinter, aber praktisch funktioniert es so.«

Wenn sich Bäume mit ihren Blättern und Zweigen ausbreiten, spielen sie eine wichtige Rolle für die Gesundheit des Planeten. Denn sie verfügen über die faszinierende Fähigkeit zur Photosynthese: Bäume und andere Pflanzen (und bestimmte Bakterien) nutzen dabei Licht, Wasser und Kohlendioxid, um daraus etwas Neues, Glucose und Sauerstoff, zu schaffen.

Das Kohlendioxid, auf das sie dabei zugreifen, verschwindet aus der Atmosphäre. Sie speichern den Kohlenstoff in ihren Blättern, Ästen, Stämmen, Wurzeln und im Boden rings um sie. Damit helfen sie, die Temperatur der Erde zu regulieren, die Erde zu kühlen. Tatsächlich entfernen terrestrische Ökosysteme, zu denen Bäume gehören, jedes Jahr etwa 31 Prozent der Emissionen fossiler Brennstoffe. Dieser Prozentsatz könnte jedoch sinken, wenn die Emissionen mehr werden und die Temperatur der Erde stetig ansteigt. Das bedroht die Fähigkeit der Wälder, die Erwärmung auszugleichen.

Die Wechselwirkungen zwischen dem Wald und dem Klima kennt kaum jemand besser als der Wissenschaftler William Moomaw. Seit Jahrzehnten findet ein Großteil seiner Arbeit im Wald statt. Seine herausragende Karriere und seine Mitarbeit an bedeutenden Umweltstudien haben ihm viel Anerkennung und Respekt eingebracht. So etwa zeichnete das Friedensnobelpreiskomitee den vom Umweltprogramm der *Vereinten Nationen* und der *Weltorganisation für Meteorologie* ins Leben gerufenen *Weltklimarat* für Arbeiten aus, bei denen Moomaw einer der Hauptautoren war. Er ist einer der Wissenschaftler, die in diesem Kapitel über den Wald-Feedback-Loop zu Wort kommen.

Die erstaunliche Reinigungskraft der Wälder

Anhand eines einfachen Beispiels kann Moomaw zeigen, warum Wälder unser effektivstes Werkzeug sind, um Kohlendioxid aus der Atmosphäre zu entfernen. Die Menge des Kohlendioxids, das durch menschliche Aktivitäten jährlich in die Atmosphäre gelangt, ist weit höher als die Menge des Kohlendioxids, das die Atmosphäre jährlich zusätzlich aufnehmen muss. Was geschieht mit dem Rest? Ozeane und Pflanzen entfernen ihn. Den größten Teil dieses Restes entfernen die Wälder. Die Wissenschaftler nennen diesen

Prozess »Kohlenstoffsenke«, ein Begriff, den auch wir hier weiterverwenden werden.

Kohlenstoff macht aufgrund der Photosynthese ungefähr die Hälfte des Gewichts von trockenem Holz aus, und wenn Blätter oder Äste und Zweige herabfallen und sich zersetzen, sammelt sich Kohlenstoff im Boden. Wachsende Wälder und der umgebende Boden akkumulieren und speichern so den größten Teil des Kohlenstoffs aus vom Menschen verursachten Emissionen.

Umgekehrte Wirkung

Wir alle haben in den vergangenen Jahren beobachtet, dass unser sich erwärmendes Klima Dürren hervorbringt und dass es einige der womöglich größten Wald- und Buschbrände der Geschichte verursacht hat.

Die verheerenden Feuer, die zwischen 2019 und 2020 in Australien, im Westen der Vereinigten Staaten sowie in der Arktis wüteten, und im brasilianischen Amazonas in den Jahren 2020 und 2021, haben der Atmosphäre gewaltige Mengen an Kohlendioxid hinzugefügt und die dabei zurückgebliebenen toten Bäume können ihr nun kein Kohlendioxid mehr entnehmen.

Um weiterhin von der reinigenden Kraft der Wälder profitieren zu können, müssen wir die Erderwärmung also so schnell wie möglich stoppen. Dass wir dabei das Gegenteil von erfolgreich sind, kann Moomaw auch anhand eines einfachen Beispiels zeigen: Die vom Menschen gemachten Kohlendioxidemissionen steigen schon seit dem Jahr 1750, also seit dem Beginn der Industrialisierung. Dennoch entstand die Hälfte davon erst nach der ersten Klimakonferenz, dem 1992 von der UNO in Rio de Janeiro organisierten »Erdgipfel«, der auch als »Rio-Konferenz« bekannt ist.

100.000 Vertreter aus 178 Ländern trafen sich damals, um über umwelt- und entwicklungspolitische Fragen zu beraten. Sie sprachen über gemeinsame Lösungen für globale Probleme wie Umweltzerstörung oder auch Hunger, Armut und die wachsende soziale Kluft zwischen Industrie- und Entwicklungsländern.

Die Richtung, in die wir in Sachen Umwelt und Klima gehen, ist gefährlich, da waren sich schon damals, vor mehr als dreißig Jahren, alle einig. Dennoch gehen wir noch immer in die gleiche Richtung, und zwar schneller denn je.

Eine der Folgen davon: Wälder fallen längst nicht nur den Dürren und den dadurch bedingten Waldbränden zum Opfer. Sie sterben auch durch Insektenbefall, müssen der Landwirtschaft oder der Stadtentwicklung weichen oder Energieunternehmen verkaufen ihr Holz etwa in Form von Pellets als Brennstoff. Womit die Wälder nicht nur für die Reinigung der Atmosphäre ausfallen. Zugleich entkommt ein großer Teil des Kohlendioxids, das sie gespeichert hatten, aus dem Boden und gelangt durch die Verbrennung des Holzes zurück in die Atmosphäre.

Übrigens entsteht beim Verbrennen von Holz sogar mehr Kohlendioxid als beim Verbrennen von Kohle, und wir sollten immer bedenken, dass das Ganze auch wirtschaftlich betrachtet kaum Sinn macht. Denn es gibt günstigere und effizientere Möglichkeiten, Lebensmittel anzubauen, als auf vormaligen Waldböden und es ist besonders unwirtschaftlich, Holz zur Energiegewinnung zu verbrennen. Die Herstellung von Strom etwa mit Solaranlagen oder Windrädern ist nicht nur emissionsfrei, sondern auch viel billiger.

Moomaw rät zunächst einmal dazu, unser Kohlenstoff-Erbe in unseren Wäldern und in unseren Böden zu bewahren, anstatt es wieder an die Atmosphäre abzugeben und später zu versuchen, es auf anderem Weg wieder daraus zu entnehmen. Doch das allein reicht nicht mehr. Denn selbst wenn wir unsere Wälder schonen, verlieren sie an Reinigungskraft.

Das ist ein überaus besorgniserregender Trend, den Wissenschaftler wie Moomaw, die Wälder laufend untersuchen, festgestellt haben. Sie berichten, dass etwa der Amazonas-Regenwald selbst dort, wo er noch unberührt ist, heute weniger Kohlenstoff speichert als noch vor zehn Jahren. Das lässt sich auch in anderen Wäldern und in anderen Regionen beobachten.

Wie ist das möglich?

Auch hierfür scheint der Klimawandel verantwortlich zu sein. »Die Erwärmung von Waldfeuchtgebieten, Grasland und landwirtschaftlichen Böden verstärkt den Stoffwechsel von Pflanzen und Bodenmikroben«, erklärt Moomaw. »Als Folge davon speichern sie weniger Kohlenstoff und geben mehr Kohlendioxid und Methan an die Atmosphäre ab.«

Wir stehen also vor folgender Situation: Noch entfernen terrestrische Ökosysteme jährlich etwa dreißig Prozent der Emissionen, die durch fossile Brennstoffe entstehen, wofür zu einem großen Teil die Wälder verantwortlich sind.

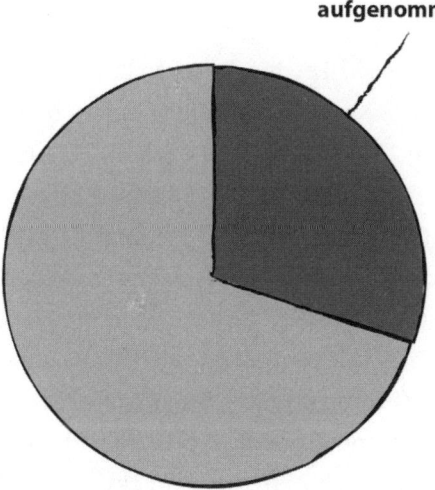

CO₂ Emissionen, die von Wäldern aufgenommen werden

Dieser Prozentsatz nimmt jedoch mit steigenden Emissionen ab. So schwindet die Möglichkeit der Wälder, der Erderwärmung entgegenzuwirken. Die globalen Temperaturen steigen.

Das muss nicht so sein. Wir werden gleich erfahren, dass und wie wir die Menge an Kohlendioxid, die Wälder aus der Atmosphäre entfernen, auch erhöhen können, womit sich der Planet auch wieder abkühlen würde.

Wälder sind das Herzstück eines der vier wichtigsten Feedback-Loops, die unseren Planeten entweder erwärmen oder abkühlen können, und noch können wir bestimmen, welchen Weg wir einschlagen.

Wankende Giganten

Derzeit dreht sich der Wald-Feedback-Loop allerdings in die falsche Richtung. Wir haben die Erde bereits um mehr als ein Grad Celsius erwärmt. Die Wälder sind deshalb bereits jetzt durch Trockenheit einer erhöhten Brandgefahr sowie verstärktem Insektenbefall ausgesetzt. So sterben sie allmählich, und zwar nicht erst irgendwann, sondern bereits jetzt.

Das beobachtet unter anderem die preisgekrönte Fotografin Beth Moon, die sich mit großformatigen Platinabzügen internationale Anerkennung erwarb. Zur Jahrtausendwende fing sie an, mit ihrer Kamera unsere eindrucksvollen ältesten Bäume festzuhalten. »Ich hätte nie gedacht, dass ich im Laufe meiner Lebenszeit auch einmal ihren Tod dokumentieren würde«, sagt sie jetzt. »Immerhin können diese Bäume bis zu viertausend Jahre alt werden. Doch jetzt sterben einige an Krankheiten, an Insekten, an Regenmangel und wegen steigender Temperaturen.«

Wenn Bäume sterben, werden sie Teil des gefährlichen Wald-Feedback-Loops:

◎ Mit steigender Temperatur wird das Klima heißer und trockener.

◎ Die Bäume fallen Dürren, Waldbränden und Insekten zum Opfer.

◎ Wenn Bäume sterben, wird der Kohlenstoff, den sie über ihre Lebenszeit hinweg gespeichert haben, freigesetzt, was die Atmosphäre weiter erwärmt.

◎ Weniger Bäume bedeutet auch eine Verminderung des Kühlungseffekts, ein Prozess, der als Transpiration bekannt ist.

◎ Temperaturen steigen an und der Kreislauf geht weiter.

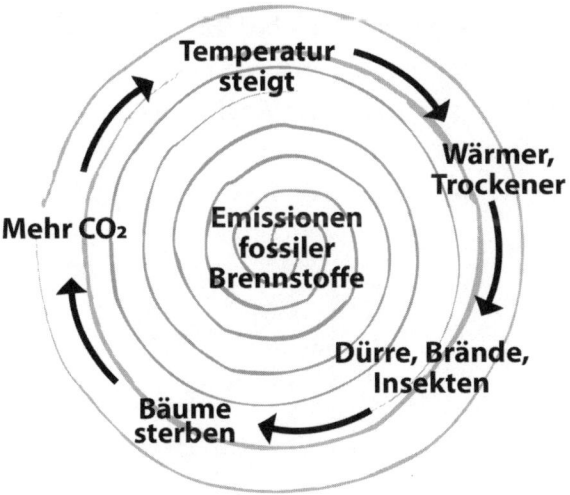

Wenn Bäume verbrennen und verfallen, gelangt der Kohlenstoff, den sie während ihres Lebens gespeichert haben, wieder in die Luft. »Es gibt einen Punkt, ab dem Wälder mehr Kohlenstoff freisetzen, als sie absorbieren«, sagt Woodwell. »Wenn dieser Punkt erreicht ist, sieht die Zukunft dieses Planeten düster aus.«

Heute haben wir noch die Wahl: Entweder wir erlauben den Bäumen, ihren Job zu machen und den Planeten abzukühlen, oder wir gefährden die wenigen Wälder, die wir noch haben – das ist der Weg, auf dem wir uns gerade befinden. Wie wir Wälder schützen und bewirtschaften, spielt eine große Rolle bei der Bestimmung unserer Zukunft.

Wenn es um die globale Erwärmung geht, kommt es überwiegend auf die drei wichtigsten Waldarten an. Das sind der tropische Regenwald, der boreale Nadelwald, auch Taiga genannt, und der sogenannte gemäßigte Regenwald. Gehen wir kurz auf diese drei Waldarten ein.

Der tropische Regenwald

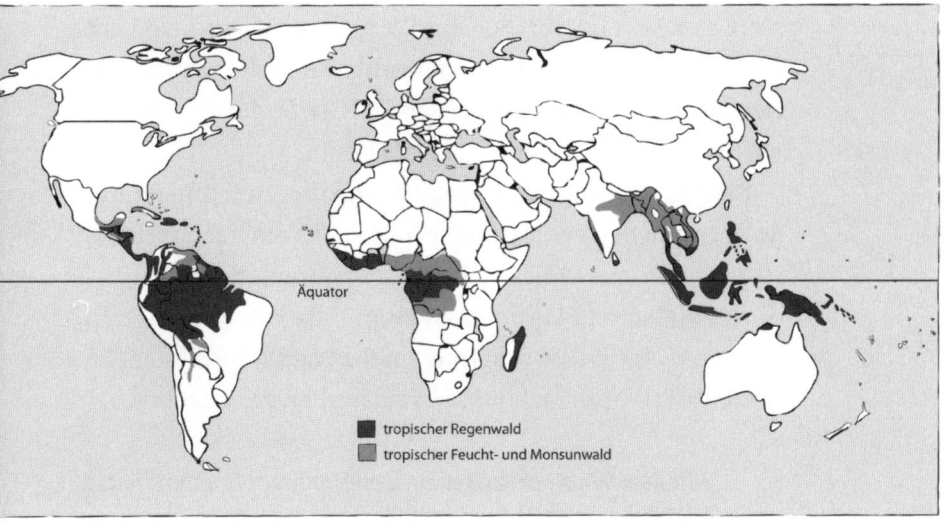

Äquator

■ tropischer Regenwald
■ tropischer Feucht- und Monsunwald

Kein Wald hat eine größere Bedeutung für die Kühlung des Planeten als der Amazonas-Regenwald. Dieser Tropenwald, der sich über mehr als fünf Millionen Quadratkilometer und neun Länder erstreckt, speichert seit Jahrtausenden Kohlenstoff. Doch heute steht er kurz davor, mehr Kohlenstoff freizusetzen, als er absorbiert.

Mehr darüber weiß der Wissenschaftler Michael Coe. Er ist der Direktor des Tropenprogramms am *Woodwell Climate Research Center*. Seit mehr als zwanzig Jahren untersucht er, wie sich die Abholzung der Amazonas-Regenwälder auf das örtliche Klima und die örtliche Umwelt auswirkt.

Coe merkt an, dass Tropische Regenwälder für etwa 15 bis zwanzig Prozent der gesamten terrestrischen Kohlenstoffsenke verantwortlich sind. Etwa die Hälfte davon entfällt auf den Amazonas-Regenwald. Das bedeutet, dass der Regenwald des Amazonas ziemlich viele der Emissionen aufnimmt, die wir jährlich produzieren.

Das wäre ja gut, bloß hindern wir ihn zunehmend daran. Denn in den vergangenen fünfzig Jahren haben wir fast zwanzig Prozent dieses Waldes verloren, hauptsächlich durch Roden und Verbrennen zur Landgewinnung, was in weiterer Folge wie beschrieben mehr Waldbrände, mehr Insektenbefall und noch mehr Waldsterben verursachte.

Mit dem Wald schwindet auch eine andere oft unterschätzte Kühlungsfunktion der Bäume: Sie entziehen bei der sogenannten Transpiration mit ihren Wurzeln dem Boden Wasser und setzen es danach durch winzige Löcher in den Blättern des Baumes als Wasserdampf wieder frei. Dadurch entsteht ein kühlender Effekt für die umliegende Luft.

Der Amazonas-Regenwald kann dank dieses Effektes die Region um bis zu fünf Grad Celsius abkühlen. Doch wenn wir Bäume im Amazonas-Regenwald verlieren, schalten wir die Transpiration aus. Wir unterbrechen sie. Was wir bekommen, ist ein trockeneres Klima. Je mehr Bäume wir abholzen, desto trockener wird es.

Das ist einer der Gründe dafür, warum sich in den vergangenen beiden Jahrzehnten die Trockenperiode um mehrere Wochen verlängert hat, was wie gesagt die verbliebenen Bäume noch mehr belastet und ein ideales Umfeld für die Ausbreitung von Bränden schafft.

»Während extremer Dürren brennt ein riesiger Teil des Waldes«, sagt Michael Coe, der Wälder und Savannen von Nordamerika bis nach Afrika erforscht. »Das verwandelt den Wald von einer Netto-Senke in eine Netto-Quelle für Kohlenstoffe. Kommt es in einem Jahrzehnt in einem Wald fünfmal oder öfter zu Dürren und Bränden, wird er zu einer reinen Kohlenstoff-Quelle.«

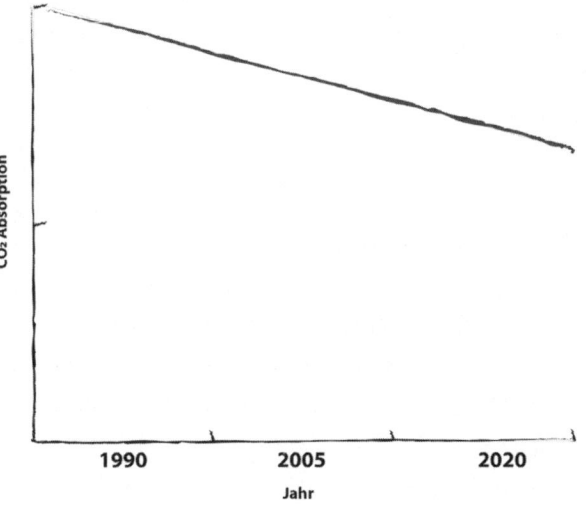

Tropenwälder absorbieren aus den genannten Gründen bereits heute um ein Drittel weniger Kohlenstoff als noch in den 1990er-Jahren.

Wissenschaftler sagen voraus, dass der Verlust so vieler Bäume den Amazonas-Regenwald schon in naher Zukunft dazu bringen könnte, mehr Kohlenstoff zu emittieren, als er speichert. Bereits mit dem Beginn des kommenden Jahrzehnts könnte es soweit sein.

Was passiert dann?

»Wir können uns das so vorstellen«, sagt Coe. »Das Klima ändert sich Tag für Tag ein wenig und alles scheint in bester Ordnung zu sein. Und dann, eines Tages ist es soweit. Dann haben gerade genug Veränderungen stattgefunden, um das ganze System auf den Kopf zu stellen, es zum Kippen zu bringen. Es ist die klassische Geschichte vom Frosch im Kochtopf. Er merkt nicht, dass das Wasser immer wärmer wird, bis es viel zu spät ist.«

Boreale Nadelwälder

Der zweite wichtige große Wald, der von einer Kohlenstoffsenke zu einer Kohlenstoffquelle zu werden droht, ist der boreale Nadelwald. Er erstreckt sich über den Nordpol durch Sibirien bis nach Nordamerika. Als die größte bewaldete Fläche der Welt speichert dieses riesige Nadelholzgebiet schätzungsweise zwei Drittel des gesamten Waldkohlenstoffs, der dort wie schon im vorangegangenen Kapitel beschrieben größtenteils in gefrorenen Pflanzen oder Tierkadavern tief in den Böden eingeschlossen ist.

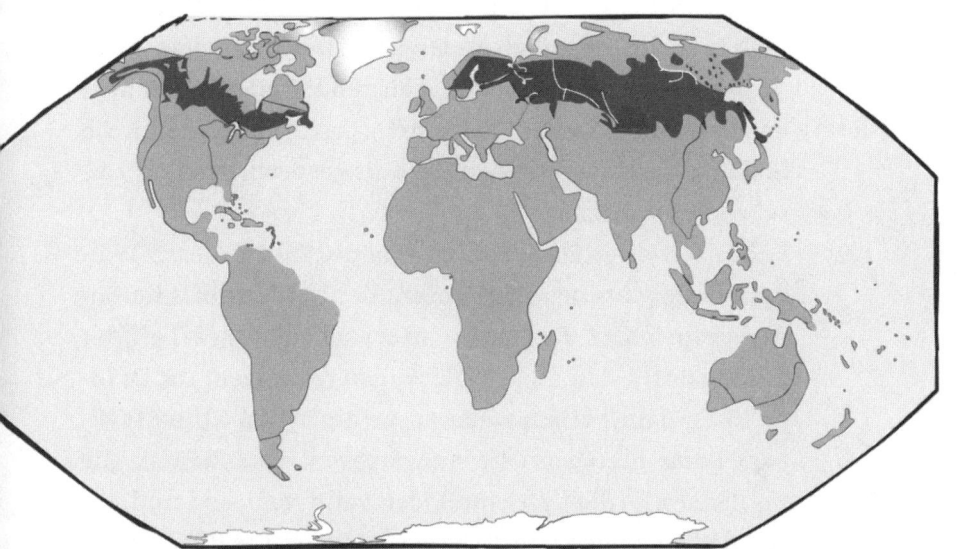

Doch auch der boreale Nadelwald ist bereits angeschlagen. Genau wie im tropischen Wald, macht das wärmere und trockenere Klima auch hier die Bäume anfälliger für Brände, Insektenbefall und Krankheiten.

Der Wissenschaftler Brendan Rogers vom *Woodwell Climate Research Center* untersucht die Weiten der arktischen und borealen Wälder in Alaska, Kanada und Sibirien seit mehr als zehn Jahren. Seine Arbeit konzentriert sich auf die Frage, wie diese Systeme den globalen Klimawandel beeinflussen und wie umgekehrt auch sie von ihm beeinflusst werden. »Waldbrände werden auch in der borealen Zone immer schlimmer und nehmen stetig zu«, warnt Rogers. »Wir sehen immer längere Waldbrandzeiten. Jedes Jahr gibt es neue Rekorde bei der Dauer der Brandsaison.«

Brände im borealen Nadelwald sind besonders fatal, denn sie vernichten auch die schützende Bodenbedeckung, dringen immer weiter nach unten, also immer tiefer in die Böden ein und verbrennen die dort gespeicherten organischen Substanzen.

Das hat zwei Folgen. Zum einen wird in diesen Wäldern siebzig bis neunzig Prozent des Kohlenstoffs im Boden gespeichert. Das ist die überwiegende Mehrheit des Kohlenstoffs, den diese Waldbrände freisetzen. Die Brände lösen damit einen weiteren gefährlichen Klima-Feedback-Loop aus: Wenn sie sich mehren, erreichen sie die Kohlenstoffe, die tiefer im Boden vergraben sind und setzen dadurch noch mehr Kohlendioxid und Methan frei...

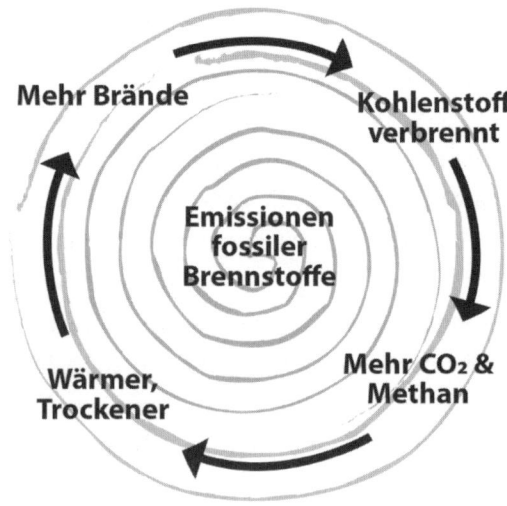

Treten Brände zu oft und zu kurz hintereinander auf, verhindern sie außerdem ein Nachwachsen der Bäume und der übrigen Vegetation.

So wie der Amazonas wird sich auch der boreale Wald, wenn wir nichts dagegen tun, von einer Kohlenstoffsenke in eine Kohlenstoffquelle verwandeln. Beim derzeitigen Tempo wird das bis zum Ende des Jahrhunderts passieren. Der Wald wird einen Kipp-Punkt überschreiten, von dem er sich nicht mehr erholen kann.

Gemäßigte Wälder

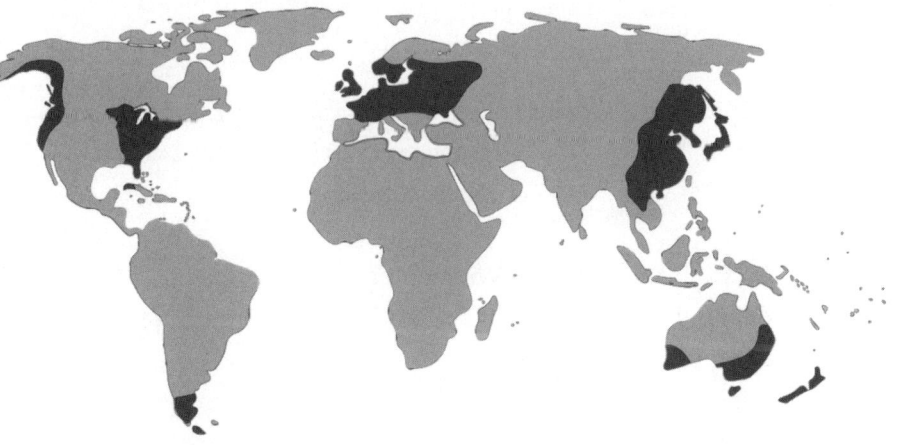

Die gemäßigten Waldzonen bilden nur ein Viertel aller Wälder der Erde. Weil die tropischen und die borealen Wälder aber bereits kurz davor stehen, dem Klima mehr zu schaden als zu nutzen, ruht auf ihnen unsere größte Hoffnung. Denn hier ist bereits ein Bewusstseinswandel sichtbar. Viele gemäßigte Wälder in den USA und in Europa, die einst der Landwirtschaft zum Opfer fielen, haben in den vergangenen Jahrzehnten ein Comeback erlebt.

Aber auch hier ist nicht alles gut. Im Südosten der USA beispielsweise holzt die Holzpelletindustrie weiterhin sich erholende Sekundär- und Altwälder ab, um Industrieländer mit Kohleersatz aus »erneuerbaren« Brennstoffen zu versorgen – obwohl beim Verbrennen von Holz mehr Kohlendioxid freigesetzt wird als beim Verbrennen von Kohle. Wenn diese großen Bäume gefällt werden, wird jahrzehntelang gespeicherter Kohlenstoff wieder in die Luft abgegeben.

Heute sind 17 Prozent der weltweiten Kohlendioxidemissionen pro Jahr auf die Verbrennung von Holzpellets zur Gewinnung sogenannter Bioenergie zurückzuführen.

Zwar gibt es auch hier Wiederaufforstung, doch junge Wälder sind beim Ausgleich der globalen Erwärmung weit weniger effektiv als alte.

Besonders gut weiß das Beverly Law, emeritierte Professorin am College für Forstwirtschaft der *Oregon State University*. Sie zeichnet seit 25 Jahren den Austausch von Kohlendioxid und Wasser zwischen unseren Wäldern und unserer Atmosphäre auf. Dabei arbeitet sie an zwei Langzeit-Test-Orten, die Teil eines globalen Netzwerks von mehr als 500

Forschungseinrichtungen sind. »In einem älteren Wald ist im Vergleich zu einem jüngeren Wald weit mehr Kohlenstoff gespeichert«, betont Law. »In einem jungen Waldökosystem gibt es nicht allzu viele Bäume und die nehmen weniger Kohlenstoff aus der Atmosphäre auf.«

Besonders die alten Wälder im pazifischen Nordwesten der USA speichern riesige Mengen an Kohlenstoffen. Sie wachsen und gedeihen in diesem feuchteren und kühleren Klima besser und werden in den kommenden dreißig Jahren auch weit weniger anfällig für den Klimawandel sein als die Wälder im Westen der USA. Law: »Wenn wir den Klimawandel wirklich eindämmen wollen, besteht unsere beste Strategie mit Sicherheit darin, all die Wälder, die der Klimawandel nur mäßig bedroht und die bereits viel Kohlenstoff speichern, unberührt zu lassen und zu schützen.«

Unglücklicherweise sind gerade diese alten kohlenstoffreichen Bäume seit Jahrhunderten bei Holzfällern begehrt. Die Rothölzer, die einst die Pazifikküste überragten, sind bereits größtenteils verschwunden.

Wird ein Baum gefällt, setzt er die Hälfte bis zwei Drittel des darin gespeicherten Kohlenstoffs frei, durch Zersetzung etwa des Laubwerks und der Wurzeln oder durch Verbrennung der nicht verwendeten Zweige. Zudem tritt der Kohlenstoff aus, den er in der umliegenden Erde gespeichert hat.

»Die Bäume, die Holzfäller in Oregon im Verlauf der vergangenen hundert Jahre zu kommerziellen Zwecken abgeholzt haben, entließen 65 Prozent ihrer Kohlenstoffvorräte zurück in die Atmosphäre«, sagt Law. »Jetzt ist absolut der falsche Zeitpunkt dafür.«

Die Fauna bedroht der Klimawandel übrigens auch in den gemäßigten Wäldern. Denn viele Waldtiere können bei den höheren Temperaturen nicht überleben, weshalb sie in kühlere Klimazonen im Norden abwandern. Doch nicht alle Arten sind zu einer solchen Wanderung in der Lage, und auch jene, die es schaffen könnten, brauchen dazu etwas, das sie nicht immer haben: Zeit. Sie ist bereits jetzt Mangelware.

Kühlende Klima-Feedback-Loops

Während die Uhr tickt, kommt es nun darauf an, wie wir gemäßigte Wälder bewirtschaften und managen. Nutzen wir sie weiterhin für kommerzielle Zwecke? Oder halten wir sie intakt, um den Planeten zu kühlen?

Hier haben wir wie gesagt eine Perspektive, die Hoffnung macht: Obwohl menschliche Aktivitäten die wärmenden Klima-Feedback-Loops erst in Gang gesetzt haben, könnte menschlicher Einfallsreichtum diesen Trend auch wieder rückgängig machen. Er könnte die Richtung der Feedback-Loops sogar umkehren und sie damit von wärmenden in kühlende Feedback-Loops verwandeln.

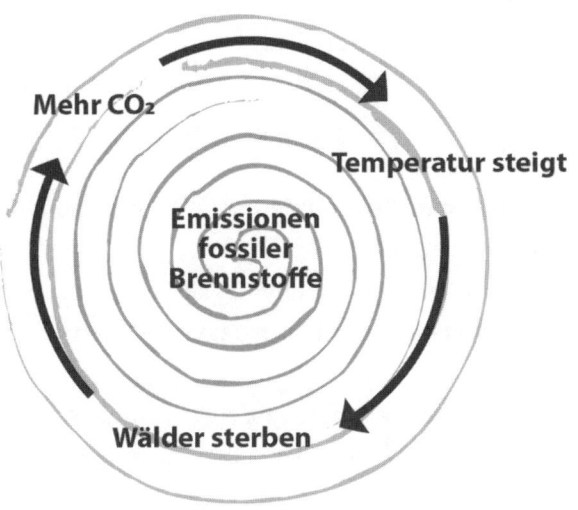

Mehr CO₂

Temperatur steigt

**Emissionen
fossiler
Brennstoffe**

Wälder sterben

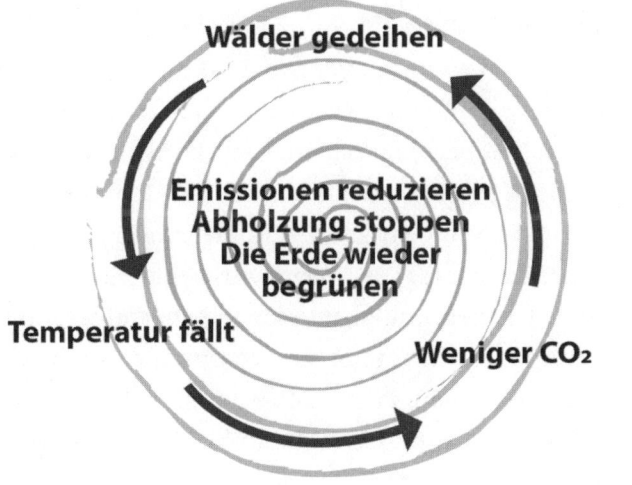

Wälder gedeihen

**Emissionen reduzieren
Abholzung stoppen
Die Erde wieder
begrünen**

Temperatur fällt

Weniger CO₂

Das würde voraussetzen, dass wir...

◉ ...die Wälder schützen, sodass sie weiterwachsen können,

◉ ...Sümpfe, Grasland und alle natürlichen Lebensräume erhalten,

◉ ...landwirtschaftliche Praktiken anwenden, die Kohlenstoff speichern statt welchen freizusetzen, und

◉ ...Bäume und alle anderen Pflanzen ihre Arbeit, Kohlenstoff aus der Luft zu entfernen, machen lassen.

Damit würden wir einen sich selbst fortsetzenden und sich selbst erhaltenden kühlenden Klima-Feedback-Loop in Gang setzen. Wofür auch George Woodwell plädiert, der ein früher Pionier der Umweltschutzbewegung ist. Bereits vor fünf Jahrzehnten warnte er vor dem Einsatz fossiler Brennstoffe und vor wärmenden Klima-Feedback-Loops.

Woodwell ist überzeugt davon, dass die Lösung des Klimaproblems in der ureigenen Fähigkeit der Natur liegt, den Planeten zu kühlen. »Wir können Kohlenstoff in lebenden Dingen speichern«, sagt er. »Wenn wir weiter einen Grund zur Hoffnung haben wollen, müssen wir aber außerordentlich progressiv am Übergang weg von fossilen Brennstoffen hin zu einer neuen, grünen Welt arbeiten. Das verlangt Vorstellungskraft, Interesse und die Erkenntnis der Tatsache, dass die Erde gerade zu Grunde geht.«

Eine abschließende Schlussbemerkung zum Thema Waldschutz: Im Jahr 2021 haben die *Zwischenstaatliche Plattform der Vereinten Nationen für Biodiversität und Ökosystemdienstleistungen* und der *Zwischenstaatliche Ausschuss der Vereinten Nationen für Klimaänderungen* einen gemeinsamen Bericht herausgegeben, in dem festgestellt wird, dass der Klimawandel und der Verlust der biologischen Vielfalt gemeinsam angegangen werden müssen. Wälder sind nicht nur ein Haufen Bäume. Sie sind hochproduktive artenreiche Ökosysteme, die in kürzester Zeit den meisten Kohlenstoff speichern können.

MADAGASKARS LEMUREN

Im Südwestindischen Ozean vor der Küste Mosambiks liegt der wunderschöne Inselstaat Madagaskar. Er ist bekannt für seine Artenvielfalt und für seine tropischen Regenwälder. Noch bietet Madagaskar der Fauna unzählige Lebensräume, die sehr unterschiedlich sein können. Immergrüne Regenwaldflächen gehören ebenso dazu wie Mangroven und Halbwüsten. Dass sich Madagaskar als Insel bereits vor mehr als neunzig Millionen Jahren vom Festland getrennt hat, sind achtzig Prozent der Säugetier- und 64 Prozent der Vogelarten dort endemisch, das heißt, sie leben nur dort.

Doch das Paradies ist bedroht. Vor allem die Regenwälder könnten bald schon zu existieren aufhören, was mit dem Verlust vieler anderer Ökosysteme sowie Tier- und Pflanzenarten einhergehen würde. Zwischen den Jahren 1950 und 2000 fielen mehr als vierzig Prozent des Regenwaldes in Madagaskar der Abholzung zum Opfer. Stärker und früher als in anderen Teilen der Welt verschwanden dort die Wälder und die Klima-Feedback-Loops setzten sich in Bewegung.

Trotz eindringlicher Warnungen war mit der Abholzung auch im Jahr 2000 noch nicht Schluss. Nach wie vor sind die Holzfäller am Werk. Schätzungen zufolge sind in Madagaskar nur noch 15 Prozent des ursprünglichen Regenwaldes erhalten. Manche Wissenschaftler gehen davon aus, dass bis zum Jahr 2025 der Großteil des nicht unter Naturschutz stehenden Regenwaldes verschwunden sein wird.

Welchen Druck das für viele Tierarten bedeutet, haben Wissenschaftler anhand der ebenfalls ausschließlich in Madagaskar lebenden Lemuren, einer bei Touristen besonders beliebten pelzigen, schwarzweißen Halbaffen-Art, gezeigt. Eine Studie zeigt, dass bis 2070, als Folge der Abholzung, bis zu sechzig Prozent des für Lemuren bewohnbaren Lebensraumes verschwunden sein könnten. Dazu könnten als Folge des Klimawandels bis zu drei Viertel des Ökosystems verloren gehen, in dem die Lemuren leben.

Beides zusammengerechnet und die Wirkung der Klima-Feedback-Loops mit einbezogen, könnte der Lebensraum der Lemuren bald völlig zerstört sein. Dazu kommt, dass sie ihr Grundnahrungsmittel verlieren. Sie ernähren sich hauptsächlich von Bambussprossen, doch auch hier tun sich bereits Engpässe auf. Die immer häufigeren Trockenphasen haben zu einer Lücke in ihrer Versorgung geführt.

Ihre Anwesenheit ist ein guter Indikator für ein intaktes Ökosystem und ihr Aussterben ist nicht nur eine Tragödie in sich selbst, es wirkt sich auch auf das gesamte Leben im Regenwald aus. Lemuren gelten als bedeutender Teil dieses Ökosystems, weil sie Pflanzensamen weit verteilen und somit einen wichtigen Beitrag zum Leben im Wald leisten.

Doch die Tage der Lemuren als Spezies, die diesen Planeten bunter, vielfältiger und wunderbarer macht, sind gezählt. Denn die kleinen Primaten leben ausschließlich in hohen Bäumen. Gibt es keine Bäume mehr, gibt es auch keine Lemuren mehr. Wenn wir nichts tun, werden sie letztendlich mit dem Wald sterben.

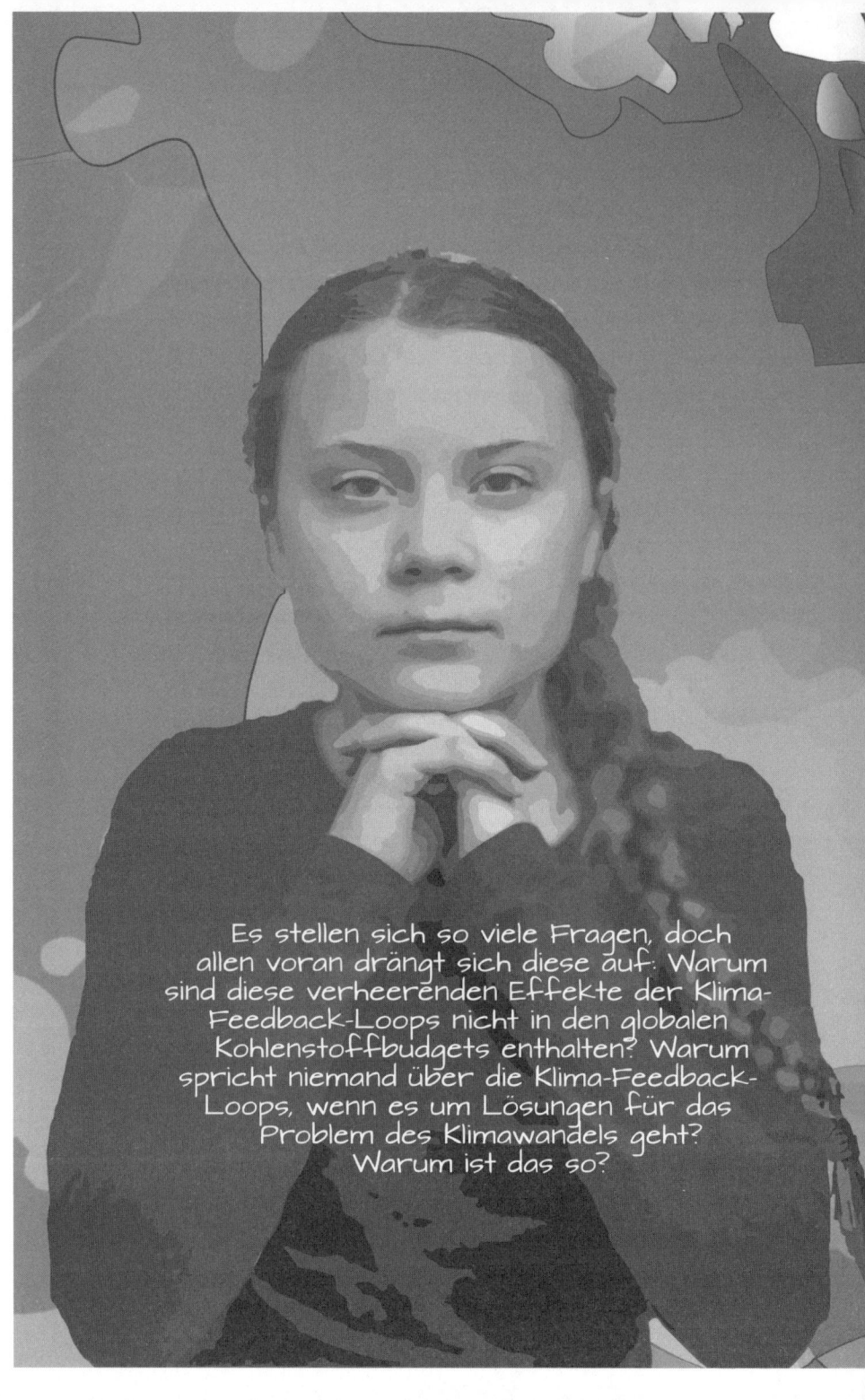

Es stellen sich so viele Fragen, doch allen voran drängt sich diese auf: Warum sind diese verheerenden Effekte der Klima-Feedback-Loops nicht in den globalen Kohlenstoffbudgets enthalten? Warum spricht niemand über die Klima-Feedback-Loops, wenn es um Lösungen für das Problem des Klimawandels geht? Warum ist das so?

In den neuesten Modellen, die bei der Evaluierung der globalen Kohlenstoffbudgets zur Anwendung kommen, waren zum Beispiel Permafrost-Feedback-Loops tatsächlich nie berücksichtigt. Unter anderem wohl deshalb, weil diese Modelle für den Planeten, nicht speziell für die Arktis entwickelt werden, glaubt die Permafrost-Spezialistin Susan Natali. »Wissenschaftler sind sich des Problems aber bereits bewusst und versuchen nun, diese Prozesse in ihre Modelle zu integrieren«, sagt sie. »Allerdings handelt die Wissenschaft manchmal etwas langsamer als nötig, vor allem wenn es um Politik und um Richtlinien geht. Selbst dann, wenn es sich um einen Notfall handelt.«

Doch selbst wenn die Modelle noch nicht perfekt sind, sind sich zumindest die Wissenschaftler bewusst, dass die Klima-Feedback-Loops Bedeutung haben, betont Natali: »Sie kennen vielleicht die genauen Zahlen noch nicht oder nur zum Teil, aber die bereits vorliegenden Zahlen sind aussagekräftig genug, um klar zu machen: Das Risiko ist hoch. Wir müssen sofort handeln.«

Auch William Moomaw glaubt, dass die Modelle, so wie sie sind, schon jetzt recht klar zeigen, dass ein wirklich ernstes Problem vorliegt. »Die Wissenschaftler, die mit diesen Modellen arbeiten, sagen dann immer rasch dazu, dass die Lage in Wirklichkeit noch dramatischer ist und dass der Grund dafür die Klima-Feedback-Loops sind«, schildert Moomaw.

Die Wissenschaft entwickelt sich also weiter und wir lernen mehr und mehr über diese Prozesse, doch es ist für

Forscher nicht ganz einfach, an extremen Orten wie der Arktis zu arbeiten und an die nötigen Messwerte und Daten zu gelangen. Doch über je mehr dieser Daten sie verfügen, desto besser können sie ihren Job machen und desto konkreter werden die Fakten, mit denen sie dann den Mächtigen dieser Welt und allen anderen Menschen die Augen öffnen können.

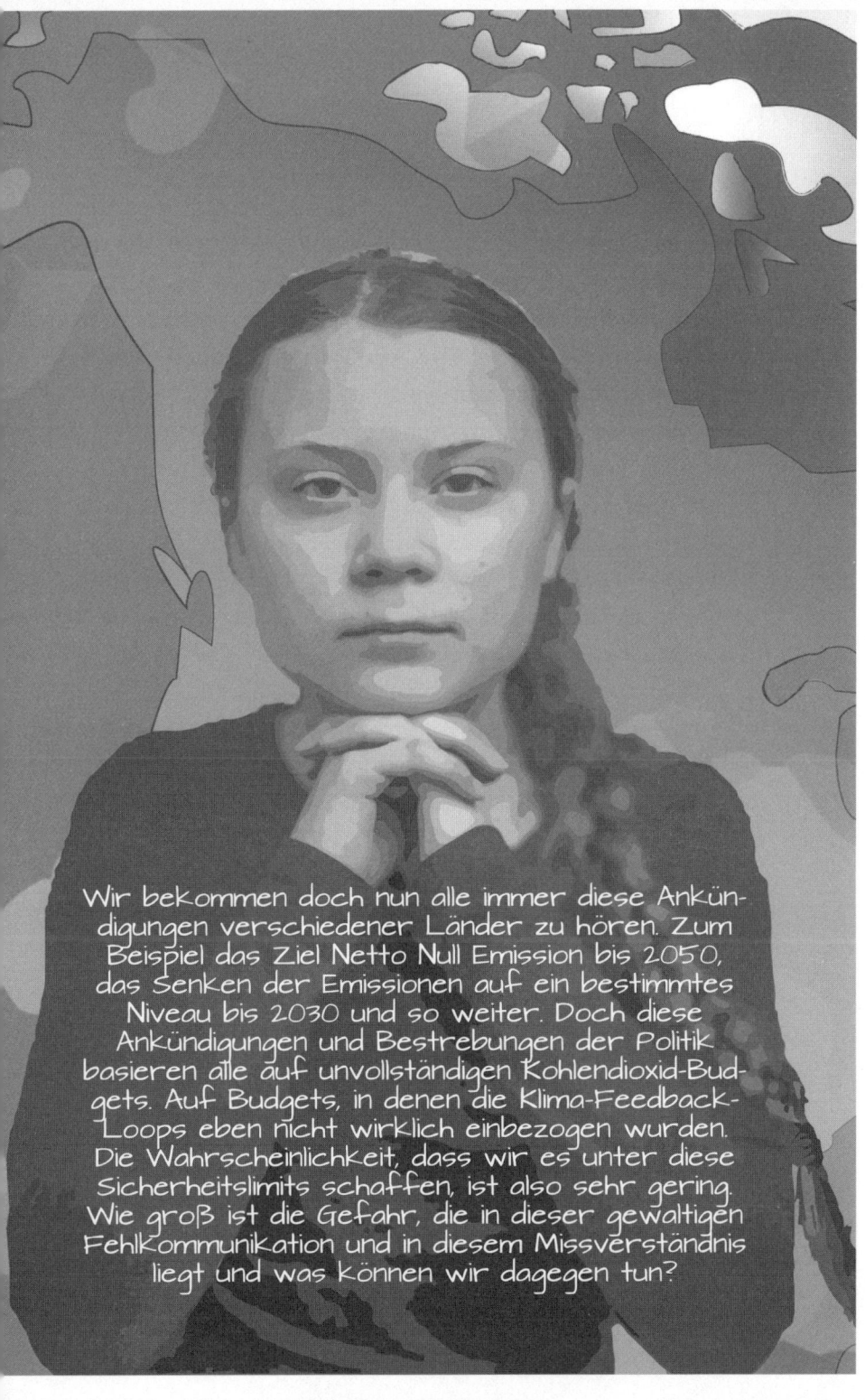

Wir bekommen doch nun alle immer diese Ankündigungen verschiedener Länder zu hören. Zum Beispiel das Ziel Netto Null Emission bis 2050, das Senken der Emissionen auf ein bestimmtes Niveau bis 2030 und so weiter. Doch diese Ankündigungen und Bestrebungen der Politik basieren alle auf unvollständigen Kohlendioxid-Budgets. Auf Budgets, in denen die Klima-Feedback-Loops eben nicht wirklich einbezogen wurden. Die Wahrscheinlichkeit, dass wir es unter diese Sicherheitslimits schaffen, ist also sehr gering. Wie groß ist die Gefahr, die in dieser gewaltigen Fehlkommunikation und in diesem Missverständnis liegt und was können wir dagegen tun?

»Schon jetzt, da wir bei rund einem Grad Celsius Erderwärmung halten, erkennen wir wie gesagt die Gefahren des Klimawandels«, sagt Natali. »Doch die Gefahren, die im verbreiteten Unverständnis der Klima-Feedback-Loops liegen, bestehen definitiv. Denn wir unterschätzen, was es an Gegenmaßnahmen braucht, wenn wir die Klima-Feedback-Loops nicht berücksichtigen.«

Was also können wir tun?

»Wir können tun, was wir hier und jetzt gerade tun«, sagt Natali. »Wir können Begegnungen schaffen, die uns lehren und unterrichten und wir können selbst mit anderen darüber reden. Darüber, was wir gerade übersehen und woran es fehlt und darüber, was sich daraus ergibt.«

Und was ergibt sich daraus?

Wir müssen viel ehrgeiziger und ambitionierter sein und endlich mit lauter Stimme sprechen. Wir müssen dafür sorgen, dass wir gehört werden. Das ist wahrscheinlich das Wichtigste, was wir tun können.

DIE ATMOSPHÄRISCHEN FEEDBACK-LOOPS

In der Liste der Treibhausgase fehlt meist eines, das noch dazu besonders gefährlich ist: der scheinbar harmlose Wasserdampf, der sich zum Großteil durch das verdunstende Wasser von Meeren und Seen in der Atmosphäre sammelt. Dieser trägt wesentlich zur Erderwärmung bei. Denn er bildet den Mittelpunkt eines gefährlichen Klima-Feedback-Loops, nur einer von mehreren, die in der Atmosphäre entstehen. Auch der Jetstream, ein Windfluss hoch über unseren Köpfen, wo die Jets fliegen, spielt dabei eine bedeutende Rolle.

Wolken bestehen aus Wasserdampf, einem natürlich vorkommenden Gas, das durch verdunstendes Wasser aus Orten wie Seen, Ozeanen, Flüssen und Böden in die Atmosphäre aufsteigt. Auch Wasserdampf ist ein Treibhausgas und für etwa sechzig Prozent der Erderwärmung, die durch Treibhausgase in der Atmosphäre entsteht, verantwortlich. Wasserdampf ist deshalb ebenso Teil eines gefährlichen Klima-Feedback-Loops.

Die Rückkopplung ist bei diesem Loop physikalisch besonders leicht nachvollziehbar:

©   Wenn sich durch die Emissionen fossiler Brennstoffe die globalen Temperaturen erhöhen, verdampft mehr Wasser.

©   Folglich steigt mehr Wasserdampf in die Atmosphäre auf.

©   Dieser Wasserdampf fängt dann mehr Hitze ein, wodurch die Erde in einem sich ständig selbst verstärkenden Kreislauf immer wärmer wird.

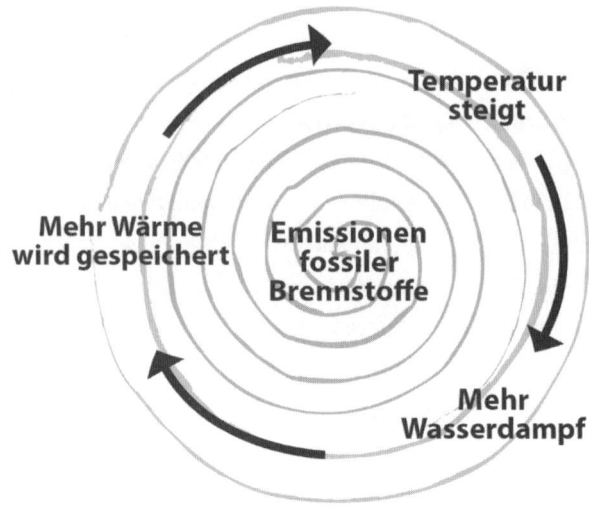

Es ist eine häufig übersehene Tatsache, dass der Wasserdampf-Feedback-Loop sich zwei- bis dreimal stärker als menschliche Aktivitäten auf die Erderwärmung auswirkt.

Jennifer Francis, leitende Wissenschaftlerin am *Woodwell Climate Research Center*, hat sich in den vergangenen dreißig Jahren intensiv damit befasst, wie sich ein steigender Anteil an Treibhausgasen auf die Atmosphäre auswirkt. »Wasserdampf ist einfach nur Wasser in Gasform«, sagt sie. »Wenn wir einen Topf Wasser auf einen Herd stellen und zum Kochen bringen, sehen wir Dampf, der sich zunächst noch in seiner flüssigen Form befindet und dann aufsteigt und nach oben verschwindet. Er gelangt bis hoch hinauf in die Atmosphäre und wird dabei absolut unsichtbar.«

144

Etwas Ähnliches geschieht innerhalb des Klimasystems. »Wenn wir die Luft erwärmen, erwärmen wir damit auch die Ozeane«, erklärt Francis. »Dadurch verdunstet mehr ihres Wassers und steigt genau wie das Wasser aus dem Topf am Herd als Wasserdampf in die Atmosphäre auf. Ein Teil bleibt in der Atmosphäre und speichert dort die Hitze. Ein anderer Teil dieses Wasserdampfes kühlt in der Atmosphäre ab, verdichtet sich und bildet Wolken.«

Die rätselhafte Wirkung der Wolken

Die Wolken beeinflussen unser Wetter ebenfalls. Wie genau, damit befasst sich der Klimapionier Warren Washington, Empfänger der vom amerikanischen Präsidenten für herausragende Beiträge zur Weiterentwicklung des Wissens verliehenen *National Medal of Science*. Washington erzählt, dass Wolken bei näherer Betrachtung ein äußerst komplexes Thema sind. »Wir haben leider noch keine besonders guten Methoden, um die mit ihnen in Verbindung stehenden Feedback-Loops so genau zu verstehen, wie wir das gerne würden«, sagt er.

Wolken können die Temperatur auf der Erde zum einen senken, weil ihr Weiß das Sonnenlicht zurück in den Weltraum reflektiert und es dadurch erst gar nicht auf die Erdoberfläche trifft. An einem heißen, sonnigen Tag können sie also für Entlastung sorgen und kühlen. Umgekehrt können Wolken aber auch Wärme einfangen und damit die Erde erwärmen. Deshalb ist es nachts unter einem wolkigen Himmel merkbar wärmer als unter einem klaren.

Genaue Angaben zu machen, welcher Effekt wie viel ausmacht, ist aufgrund der Komplexität der Wolkenkunde, wie Washington betont, schwierig, doch eine Erkenntnis gilt unter Wissenschaftlern als gesichert: Insgesamt senken Wolken die globale Temperatur nicht, sondern erhöhen sie. Sie fangen mehr Wärme ein, als sie Sonnenenergie reflektieren und haben damit eher einen wärmenden als einen kühlenden Effekt.

Wenn sich die Erde erwärmt, erwärmen sich aber auch die Ozeane noch mehr, was zu mehr Verdunstung führt. Noch mehr Wasserdampf steigt in die Atmosphäre auf, er fängt dort noch mehr Wärme ein, was zu noch mehr Verdunstung und noch mehr Wasserdampf in der Atmosphäre führt. Das ist der Wasserdampf-Feedback-Loop.

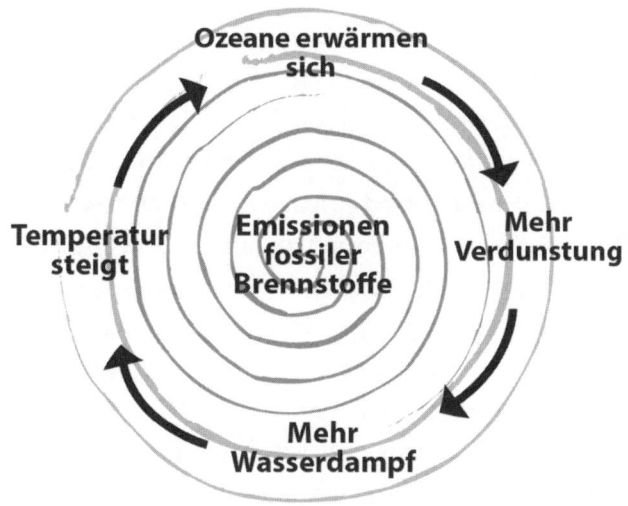

Emissionen fossiler Brennstoffe

Ozeane erwärmen sich

Mehr Verdunstung

Mehr Wasserdampf

Temperatur steigt

Die neue Kraft der Stürme

Die Kombination aus wärmeren Ozeanen und mehr Wasserdampf verbirgt sich auch hinter einem Phänomen, das wir alle mit dem Klimawandel verbinden: die Entwicklung von sehr starken Stürmen, wie Hurrikanen (in verschiedenen Teilen der Welt auch als Zyklone oder Taifune bekannt). Klimamodelle sagen voraus, dass sie in Zukunft häufiger auftreten werden. Hurrikane sind nicht Teil des Wasserdampf-Feedback-Loops, doch sie sind grundlegend von ihm beeinflusst.

Kerry Emanuel, Professor für Meteorologie am *M.I.T (Massachusetts Institute of Technology)*, kennt sich gut mit Hurrikanen aus. »Wir haben bereits vor mehr als dreißig

Jahren vorausgesagt, dass die globale Erwärmung intensivere Stürme hervorbringen wird«, sagt er. »Den Beginn dieser Entwicklungen sehen wir jetzt. Selbst Orte wie Florida und die Bahamas, die Stürme gewohnt sind und sich an sie angepasst haben, sind von den neuen Hurrikanen überfordert. Hurrikane wie Dorian, der im August 2019 als Tropensturm über einige Karibik-Inseln fegte und am 1. September nach einer enormen Intensivierung als Hurrikan der Kategorie 5 auf der Saffir-Simpson-Hurrikan-Windskala auf die Bahamas traf, wo er viele Menschenleben forderte und gewaltige Schäden anrichtete, sind außerhalb jeder vertrauten Norm. Die Anpassungen aus der Vergangenheit bringen da gar nichts mehr.«

Der Jetstream-Feedback-Loop

Neben den genannten Feedback-Loops verursacht noch ein weiteres Phänomen atmosphärische extreme Wettersituationen. Die Rede ist vom Jetstream, einem Fluss von Winden hoch über unseren Köpfen, dort wo die Jets fliegen.

Der Jetstream umkreist die nördliche Hemisphäre und ist so ziemlich für alle Arten des Wetters verantwortlich, die wir in diesem Teil der Welt erleben.

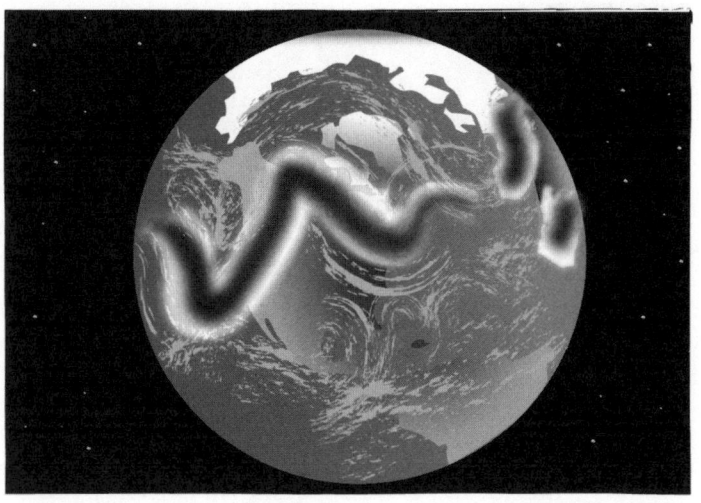

Stellen wir uns eine Schicht aus Luft vor, die sich vom warmen Süden bis hinauf in den kalten Norden zieht (siehe Grafik oben). Warme Luft dehnt sich stärker aus als kalte, was bedeutet, dass die Schicht über dem Süden auch weiter nach oben reicht als die Luft über dem Norden.

Würden wir im Süden ganz oben auf dieser Luftschicht sitzen und nach Norden blicken, käme es uns vor, als würde es bergab gehen. So kommt Bewegung in das System. Denn aufgrund der Schwerkraft fließt die wärmere Luft von oben nach unten, genau wie Wasser einen Berg hinunterfließt. Diese Abwärtsbewegung erzeugt einen Wind, der von Süden nach Norden weht, einen Süd-Nord-Wind.

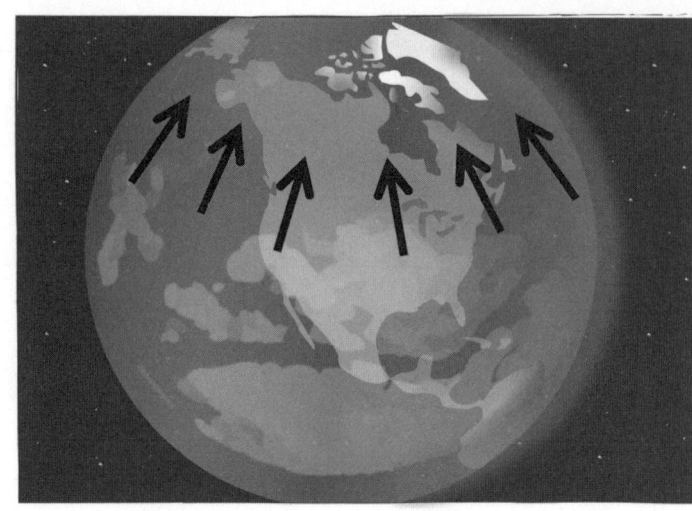

Weil sich die Erde dreht, wird dieser Wind nach Osten umgelenkt. Es entsteht ein West-Ost-Wind. Das ist der Jetstream.

Je größer der Temperaturunterschied zwischen den nördlichen und den südlichen Luftmassen ist, desto schneller und stärker wehen die Jetstream-Winde. Historisch gesehen war die arktische Luft immer weitaus kälter als die Luft im Süden, was den Jetstream meist ziemlich stabil hielt. Es kam nur zu relativ unbedeutenden Abweichungen vom Üblichen.

Da sich die Arktis mittlerweile aber zwei- bis dreimal schneller als der Rest der Welt erwärmt, hat sich der Temperaturunterschied zwischen dem Norden und dem Süden unversehens verringert. Das schwächt die Jetstream-Winde und sorgt dafür, dass sie stärker als bisher abweichen. Aus dem West-Ost-Wind wird wieder ein Süd-Nord-Wind, der warme Luft aus dem Süden in den Norden transportiert.

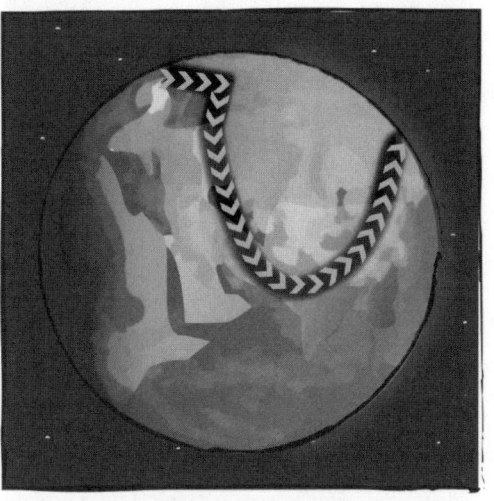

So funktioniert der Jetstream-Feedback-Loop:

@   Die Artkis erwärmt sich zwei- bis dreimal schneller
    als der Rest der Welt.

@   Der fehlende Temperaturunterschied zwischen Nor-
    den und Süden schwächt die Winde des Jetstreams.

@   Die schwächeren Winde nehmen größere Nord-Süd-
    Schwünge, was noch mehr Hitze vom Süden in den
    Norden, also in die Arktis, bringt.

@   Die noch wärmeren Temperaturen in der Arktis
    schwächen die Jetstream-Winde weiter.

@   Die Arktis wird immer wärmer, die Jetstream-Win-
    de werden schwächer und ein verheerender Kreis-
    lauf setzt sich fort.

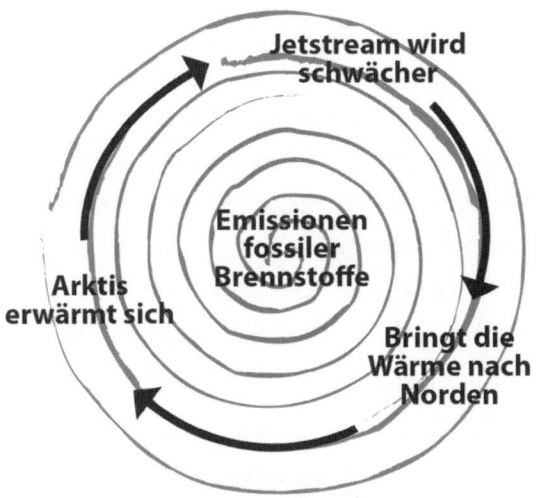

»Wir alle nehmen diesen Loop durch den Eindruck wahr, dass das Wetter jetzt immer öfter gewissermaßen festsitzt, dass es also in einem bestimmten Muster verharrt«, erklärt Francis. »Einmal ist es sehr lange heiß, aber es kann auch sehr lange kalt sein, einmal ist es sehr lange trocken, aber es kann auch sehr lange regnen. Tendenziell werden durch den Jetstream-Feedback-Loop nasse Orte noch nasser und trockene noch trockener.«

Beispiele dafür sind die mehrjährigen Dürren im Westen der USA und die damit in Zusammenhang stehenden häufigeren Waldbrände.

Wir leben bereits in einer Welt, in der extreme Wetterereignisse die Norm und nicht mehr die Ausnahme sind, und daran ist zu einem wesentlichen Teil der Jetstream-Feedback-Loop schuld.

Selbst wenn wir alles richtig machen und die Emissionen von Treibhausgasen stark reduzieren, die Entwaldung stoppen und die Erde neu begrünen, würden sich diese Wettermuster wohl noch eine ganze Weile halten. Doch irgendwann würde sich auch der Jetstream-Feedback-Loop verlangsamen oder sogar umkehren. Sobald sich die Arktis abkühlen würde, würde der Jetstream wieder an Stärke gewinnen und in seine normalen Muster zurückfallen. In ein Muster, das Wärme von der Arktis fernhält.

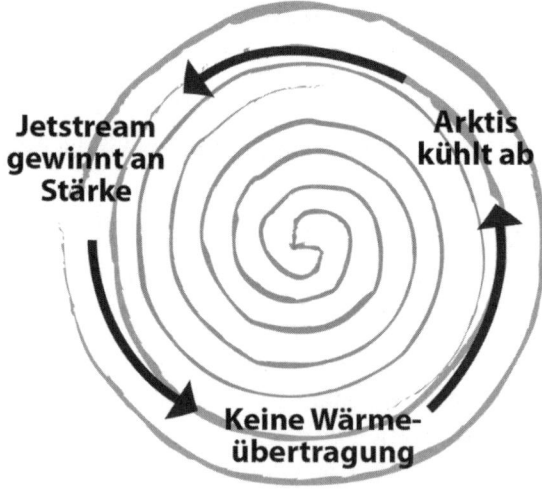

Um das zu erreichen, müsste aber jede und jeder einzelne von uns dazu beitragen, glaubt auch Jetstream-Expertin Jennifer Francis. Wir müssten politische Entscheidungsträger auf der ganzen Welt dazu bringen, das Richtige zu tun, also Anreize zu schaffen, um die Emission von Treibhausgasen in die Atmosphäre zu senken, und damit die Erde zu kühlen und wiederherzustellen. »Das Allerwichtigste, was wir alle tun können, ist, abzustimmen, wählen zu gehen«, sagt sie. »Wir müssen Führungspersönlichkeiten wählen, die das alles als ernstes Problem anerkennen, die verstehen, dass wir dieses Problem selbst verschuldet haben und die wissen, dass vieles getan werden muss, um die Kurve der Erderwärmung in die andere Richtung umzulenken.«

FRÜHZEITIGE BLÜTENPRACHT ALS KLIMAWARNUNG

Bilder von ihrer rosa-weißen Pracht gehen jährlich um die Welt, gilt sie doch als Symbol für eine ganze Kultur: Die Kirschblüte markiert in Japan jedes Jahr einen Höhepunkt im Kalender und den Anfang des Frühlings. Sie steht für Schönheit und Aufbruch, aber auch für Vergänglichkeit.

Spätestens seit März 2021 steht sie für noch etwas, an das die Japaner in der 1.200 Jahre alten Tradition ihres Blütenfestes nie gedacht hatten. Es hat zwar auch etwas mit Vergänglichkeit zu tun, aber auf ganz und gar unphilosophische Art: Es geht um den Klimawandel.

Denn der Yoshino-Kirschbaum und all die anderen in Japan heimischen Kirscharten blühten 2021 so früh wie noch nie seit Beginn der Aufzeichnungen. Ein Umstand, der die Glücksgefühle der Menschen angesichts der farbenfrohen Botschaft des Erwachens überall auf der Welt überschattete. Seit 2009 dokumentieren die Japaner die Kirschblüte, und so früh wie heuer in Kyōto, am 26. März, war es noch nie so weit. Das war zehn Tage vor dem Durschnitt der vergangenen dreißig Jahre.

Niemand in Japan glaubt, dass es sich hier um einen einmaligen terminlichen Ausreißer handelt und die künftigen Kirschblüten wieder in den so lange vertrauten Rahmen fallen werden. Auch der japanische Wetterdienst geht davon aus, dass der ungewöhnlich frühe Zeitpunkt der Erderwärmung geschuldet ist, der sich in den vergangenen rund siebzig Jahren in Kyōto besonders deutlich manifestierte. Die Durchschnittstemperatur in der für ihre Gärten, buddhistischen Tempel, Kaiserpaläste, Shintō-Schreine und traditionellen Holzhäuser bekannten ehemaligen Hauptstadt Japans lag im März 1953 noch bei 8,6 Grad Celsius. 2020 waren es 10,6 und 2021 sogar 12,4 Grad Celsius.

Der Inselnation im Pazifik machen Umweltkatastrophen schon länger besonders schwer zu schaffen. So erlebte Japan 2019 die bisher teuerste Taifun-Saison. Dazu kommen extrem starke Hitzewellen mit schweren gesundheitlichen Folgen für die Menschen im Land sowie immer wiederkehrende Rekordregenfälle, bei denen die Behörden ganze Regionen evakuieren müssen und die dennoch regelmäßig Todesopfer fordern.

Den japanischen Unternehmen und ihren Mitarbeitern setzen vor allem die Stürme zu, die in Japan die Infrastruktur beschädigen. Auch die Landwirtschaft leidet unter den Wetterbedingungen. Die extremen Niederschläge und die Taifune richten Jahr für Jahr immer größere Schäden an.

Die Menschen in Japan nehmen den Klimawandel deshalb sehr ernst. Sie haben verstanden, dass es um ihr Leben, ihre Existenz und ihre Zukunft geht. Die Kirschblüte sendet nun diese Botschaft als leuchtendes Warnsignal in die Welt.

DER
ALBEDO-FEEDBACK-LOOP

Die Albedo ist ein Maß für das Rückstrahlvermögen von diffus
reflektierenden, also nicht selbst leuchtenden, Oberflächen. So
lautet die offizielle Erklärung eines Phänomens, das wesentlich
zur Kühlung der Erde beiträgt: die Fähigkeit von Eis- und Schnee-
flächen, Sonnenstrahlen zurück ins Weltall zu reflektieren. Doch
diese Kühlungs-Fähigkeit leidet mit dem Schrumpfen der Schnee-
und Eisflächen vor allem in der Arktis. Durch den Verlust dieser
reflektierenden Oberflächen kommen Klima-Feedback-Loops in
Gang, die das verbliebene Eis und den verbliebenen Schnee weiter
schmelzen lassen und den Planeten weiter erhitzen.

Seit Zehntausenden von Jahren erlaubt das empfindliche
Gleichgewicht des Erdklimas dem menschlichen Leben,
sich auszubreiten und zu entfalten. Heute ist dieses Gleichgewicht gefährdet, und damit auch die weitere Entfaltung
des menschlichen Lebens. Auch deshalb, weil einer der
wichtigsten Kühlmechanismen der Erde bedroht ist. Die
Rede ist vom sogenannten Albedo-Effekt, also von der Fähigkeit der Erde, Sonnenlicht zu reflektieren.

An den Polen der Erde, dem Nord- und dem Südpol,
reflektieren Schnee und Eis bis zu 85 Prozent der Sonnenstrahlen weg von der Erdoberfläche zurück in den
Weltraum. Das trägt ausschlaggebend dazu bei, die Überhitzung des Planeten zu verhindern. Doch seit einigen
Jahrzehnten bekommt dieser natürliche Spiegel Sprünge.
Jetzt ist er drauf und dran, ganz zu zerbrechen. Denn die
Erderwärmung infolge der Treibhausgas-Emissionen lässt
die Schnee- und Eisdecken des Planeten schmelzen, womit

der Albedo-Effekt an Wirkung verliert. Er wird schwächer und schwächer.

Wenn die Erde weniger Sonnenlicht zurück ins All reflektiert, kommt ein gefährlicher wärmender Kreislauf in Gang. Der Albedo-Feedback-Loop.

Die damit verbundene deutlichste Veränderung findet im hohen Norden statt, wo durch steigende Temperatur sowohl die Schneedecke als auch das Meereis rasch verschwinden.

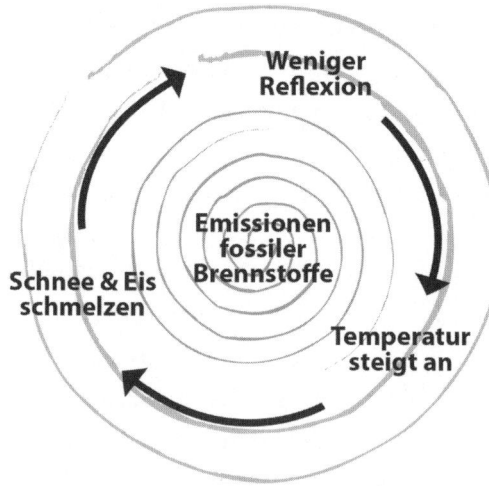

Ein Spezialist für Meereis ist Don Perovich, der als Geophysiker an einer der ältesten Universitäten der USA, dem *Dartmouth College* in Hanover, New Hampshire, arbeitet. In den vergangenen dreißig Jahren dokumentierte er unentwegt die Veränderungen in der Arktis. »Es gab schon immer diesen jährlichen Zyklus«, sagt Perovich. »Während neun oder zehn Monaten im Jahr wuchs das Eis normalerweise, dann schmolz es zwei oder drei Monate lang. Doch dieses Timing hat sich verändert. Die Eisschmelze beginnt jetzt früher und dauert länger, und das Gefrieren beginnt später. Wir haben immer weniger Schnee- und Eisbedeckung, und zwar Monat für Monat, insbesondere gegen Ende des Sommers.«

Die globale Erwärmung, verursacht von Menschen durch die Emissionen von Treibhausgasen wie Kohlendioxid, Methan oder Stickstoffoxid, erhöht die Temperatur in der Arktis zwei- bis dreimal schneller als auf dem Rest des Planeten.

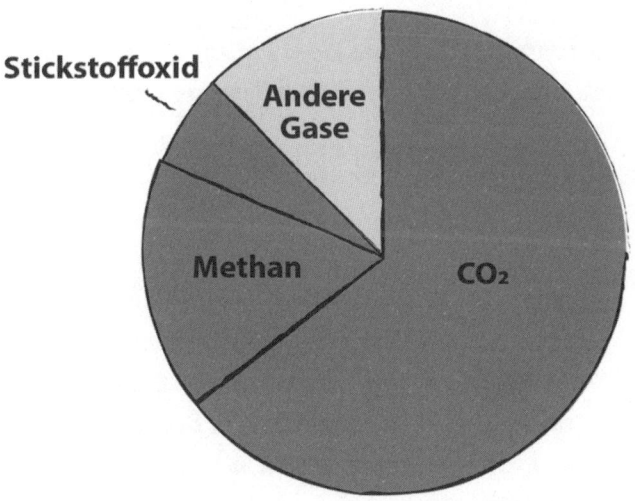

Der Albedo-Feedback-Loop verstärkt die durch Treibhaus-gas-Emissionen verursachte Erwärmung der Arktis. Überall dort, wo nach der Schmelze des Eises das dunkle Wasser im arktischen Ozean zurückbleibt, absorbiert der Planet die Energie der Sonnenstrahlen. Er nimmt sie also auf, statt sie einfach zurück ins Weltall zu schicken.

Perovich schildert das so: »Nehmen wir einmal an, es ist April und wir fliegen über die Arktis, um auf die Meereis-decke hinunterzuschauen. Sie ist von Schnee bedeckt und leuchtend weiß. Nun wird es Sommer, der Schnee schmilzt und mehr und mehr offener Ozean kommt zum Vorschein. Wir absorbieren viel mehr Hitze. Anstatt 85 Prozent zu reflek-tieren, absorbieren wir 90 Prozent. Auf diese Weise ersetzen wir Menschen einen der besten natürlichen Reflektoren, den Schnee, durch einen der schlechtesten, den Meeresspiegel.«

Anstatt wie Schnee und Eis 85 Prozent der Sonnenenergie zu reflektieren, absorbiert der offene Ozean neunzig Prozent davon.

Der Albedo-Feedback-Loop funktioniert also zusammen-gefasst so:

- Steigende Temperaturen lassen Schnee und Eis schmelzen und legen dunkles Ozeanwasser frei.
- Die Funktion von Schnee und Eis, 85 Prozent der Sonnenenergie zu reflektieren, fällt aus. Der Ozean absorbiert stattdessen nun neunzig Prozent dieser Energie.

@ Gesteigerte Energieaufnahme führt zu weiterem Temperaturanstieg.

@ Wärmere Temperaturen verursachen weiteres Schmelzen von Schnee und Eis, was zu einem Klima-Feedback-Loop führt.

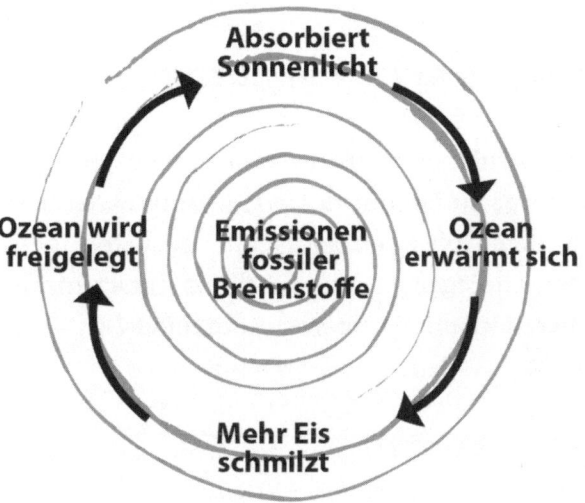

Das Problem mit den warmen Ozeanen

Das ist leider noch immer nicht alles. Der Ökologe George Woodwell berichtet von einem weiteren klimawirksamen Phänomen, das mit der Schmelze von Schnee und Eis in der Arktis einhergeht. »Während sich die offenen, dunkleren Gewässer erwärmen, geben sie Kohlendioxid und Wasserdampf an die Atmosphäre ab, was zusätzlich zum Anstieg der Temperatur beiträgt«, sagt er. »Der Klima-Feedback-Loop, den wir als Albedo-Feedback-Loop kennen, hat also gleich mehrere Aspekte, die wirklich beängstigend sind.«

Haarsträubende Veränderung

Wissenschaftler vermaßen das arktische Meereis schon lange bevor zu Beginn der 1970er-Jahre Satelliten zuverlässige Daten über seine Ausmaße zu liefern begannen. Aus den vorliegenden Daten können Forscherinnen und Forscher nun mit Hilfe von Klimamodellen Prognosen erstellen.

Die in den 1970er-Jahren entwickelten Modelle sagen den beginnenden endgültigen Verlust des Meereises als Folge des steigenden Anteils von Treibhausgasen in der Atmosphäre und des Albedo-Effektes bereits für das Ende dieses Jahrzehnts voraus.

Eine dieser Forscherinnen ist Marika Holland, die am *Nationalen Zentrum für Atmosphärenforschung*, einem amerikanischen Institut in Boulder, Colorado, Klimamodelle erstellt. »Unsere ersten Klimamodelle stammen wie gesagt aus den 1970er-Jahren, doch selbst sie zeigen in all ihrer Einfachheit bereits, dass mit einem wachsenden Anteil von Treibhausgasen in der Atmosphäre ein dramatischer Verlust an arktischem Meereis einhergeht und dass sich die Arktis im Vergleich zum Rest der Welt stärker erwärmen wird.« Bis zum Ende des Jahrhunderts werden wir die Meereseisdecke während der Sommermonate komplett verlieren, sagt Holland voraus.

Mit der Verbesserung der Messtechniken seit den 1970ern konnten die Forscher schließlich auch sehen, wie viel Meereis bereits verschwunden war, und sie waren deshalb mehr als alarmiert. »In nur vierzig Jahren hat sich das Volumen des arktischen Eises um 75 Prozent verringert«, schildert Jennifer Francis. »Das ist für eine so kurze Zeit eine wahrhaft haarsträubende Veränderung. Wir sprechen mittlerweile nicht mehr von der Arktis, sondern von der neuen Arktis, weil sie so anders ist als früher und sich so sehr von der Arktis unterscheidet, die wir bisher kannten.«

Was wir als das »ewige Eis« kennen, gibt es kaum noch. Francis: »Das heutige Eis besteht hauptsächlich aus dem, was wir als sogenanntes einjähriges Eis bezeichnen. Es ist das Eis, das sich nur in diesem einen Winter gebildet hat, und von dem das meiste den Sommer nicht überlebt. Es schmilzt.«

Studien deuten darauf hin, dass etwa ein Viertel der gesamten Erderwärmung auf den Verlust des arktischen Meereises zurückzuführen ist. Berücksichtigen wir auch die damit einhergehende Schmelze des Schnees auf dem umliegenden Land, stellen wir fest, dass diese beiden Effekte zusammengenommen bisher schon den Verlust von etwa vierzig Prozent des gesamten Reflexionsvermögens der Erde bewirkt haben.

»Die Schneedecke an Land ist besonders hell und reflektiert deshalb besonders viel Sonnenlicht«, erklärt Marika Holland. »Umso tragischer ist es, dass wir mit Hilfe von Luftbildaufnahmen genauso wie ein Schrumpfen der Meereisfläche auch ein Schrumpfen der Schneedecke am Land sehen können.«

Mit diesem Klima-Feedback-Loop, der die Erwärmung in der Arktis verstärkt, wird sich die Landschaft dort unwiderruflich verändern.

»Wenn wir durch die Verbrennung fossiler Brennstoffe die Treibhausgase in der Atmosphäre weiterhin erhöhen, werden wir an den Punkt gelangen, an dem wir auch das Wintermeereis zur Gänze verlieren«, sagt Holland.

Das ist eine ernüchternde Vorhersage, die uns eigentlich wachrütteln sollte. Schließlich ist der arktische Ozean seit mehr als zweieinhalb Millionen Jahren mit Eis bedeckt, und die Erwärmung der Arktis ist kein auf die Region beschränktes Phänomen. Sie wirkt weit über sie hinaus. Denn die arktische Luft vermischt sich mit der globalen Atmosphäre anderswo auf der Erde und erhöht dadurch weltweit die Temperaturen. »Die Arktis spielt im komplexen System des Erdklimas eine zentrale Rolle«, sagt Holland. »Wenn wir die Meereisbedeckung in der Arktis verlieren, werden auch die Tropen wärmer.« Was die Probleme, die ihnen der Klimawandel bereits gebracht hat, verschlimmert: Ernten werden leiden, die Preise für Nahrungsmittel werden steigen, Feuchtgebiete werden feuchter und trockene Regionen weiten sich aus und werden noch trockener.

Das Problem mit dem steigenden Meeresspiegel

Doch das ist noch immer nicht alles. Wenn sich das Klima weiter erwärmt, kommt ein weiterer Klima-Feedback-Loop in Gang. Erhöhte Temperaturen führen dazu, das massive Gletschereisplatten abbrechen, was den Ozeanen mehr Wasser hinzufügt und die Meeresspiegel steigen lässt.

Nehmen wir als Beispiel Grönland. In den vergangenen dreißig Jahren hat sich der Verlust des Grönlandeises um das Sechsfache beschleunigt, was einen Anstieg des Meeresspiegels bewirkte. Das im Vergleich zum Eis wärmere Meerwasser kann nun noch mehr Landeis erreichen und es abschmelzen. Auch hier sehen wir einen Kreislauf, bei dem mehr Eisschmelze zu noch mehr Eisschmelze führt.

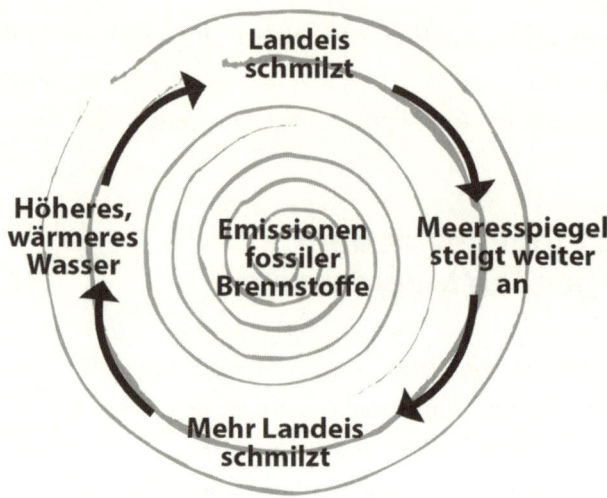

»Auch am Südpol tauen die erhöhten Temperaturen die kilometerdicken Eisschilde der Antarktis auf, die sich dort in mehr als 40 Millionen Jahren gebildet haben«, erklärt Holland. »Der Eisverlust in der Antarktis hat ein geringeres Albedo-Feedback, weil die Platten dort noch dick genug sind, um weiterhin Sonnenlicht reflektieren zu können. Doch sobald das Eis in den Ozean gelangt, steigt auch hier der Meeresspiegel.«

Wenn sowohl die Gletschereisplatten Grönlands als auch die der Antarktis schmelzen, könnte der Meeresspiegel um mehr als dreißig Meter ansteigen. Die daraus resultierende Zerstörung der Küstenlinien würde Millionen Menschen auf der ganzen Welt entwurzeln.

Punkt ohne Wiederkehr

Marika Holland warnt auch hier vor dem Überschreiten eines Kipp-Punktes. »Wenn wir sehr viel Eis an Land verlieren, erfordert dessen Wiederherstellung sehr, sehr viel Zeit«, sagt sie. »Die Modelle sagen voraus, dass die Arktis dramatische Veränderungen erfahren wird, wenn wir unseren Weg fortsetzen, und dass diese Veränderungen im gesamten System, im menschlichen System, im biologischen System und im sozioökonomischen System nachhallen werden.«

Wenn wir weitermachen wie bisher, führt die Erderwärmung dazu, dass die Klima-Feedback-Loops an beiden Polen, sowohl am Süd- als auch am Nordpol, außer Kontrolle geraten.

Neue Verwaltung für die Welt

Wir können uns nicht einfach zurücklehnen und der Arktis und der Antarktis dabei zusehen, wie sie außer Kontrolle geraten. Alle Länder tragen durch ihre Treibhausgas-Emissionen zu ihren Problemen bei, also müssen sie auch alle zum Teil der Lösung werden. Das setzt voraus, dass wir die Welt auf eine Art verwalten und managen, bei der wir nicht länger Kohlenstoffverbindungen verwerten und die dabei entstehenden Abfallprodukte in die Atmosphäre entsorgen, wie George Woodwell betont.

»Im Grunde ist die Emission von Treibhausgasen ein Beispiel für ein Marktversagen«, ergänzt Kerry Emanuel vom *M.I.T.* »Denn dabei geben Unternehmen die tatsächlichen Kosten ihrer Geschäftstätigkeit an Personen weiter, die nicht an diesem Geschäft beteiligt sind, das heißt an die meisten von uns.«

Umso unnötiger ist dieses Marktversagen, da wir bereits in praktisch allen Sektoren unserer Wirtschaft über die Technologie und über das Wissen verfügen, um auf alternative Energiequellen umzusteigen, die keine Treibhausgase produzieren. Wir brauchen lediglich den Willen dazu.

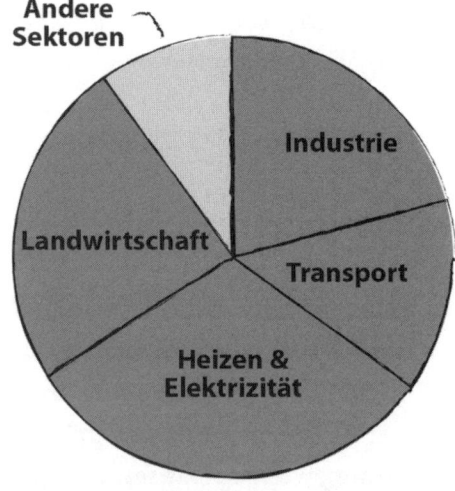

Wir müssen damit aufhören, der Atmosphäre Emissionen aus der Verwendung fossiler Brennstoffe hinzuzufügen, die den Planeten erwärmen, die Eis- und Schneedecke zum

Schmelzen bringen und das Reflexionsvermögen in der
Arktis verringern.

*Wenn wir die Emissionen senken, die Entwaldung stoppen und
die Erde wieder begrünen, können wir auch den Albedo-Effekt und
alle mit der Schnee- und Eisschmelze in Zusammenhang stehenden
Klima-Feedback-Loops verlangsamen, stoppen oder sogar umkehren. Wir können die Temperaturen senken, die Schnee- und Eisbedeckung regenerieren, das Reflexionsvermögen der Erde wieder
erhöhen und unseren Planeten damit heilen.*

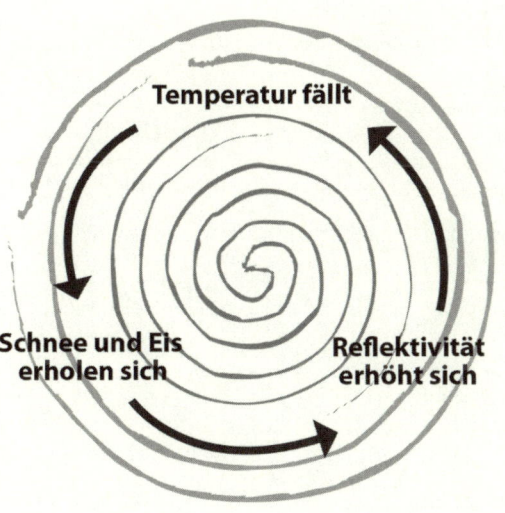

»Um die Schnee- und Eisdecke mit ihren ursprünglichen Funktionen wiederherzustellen, brauchen wir einige Jahre lang niedrigere Temperaturen, um die Hitze in den Ozeanen loszuwerden«, sagt Don Perovich. »Sobald sich die Wärme in den Ozeanen verringert, würde sich wieder neues Eis bilden.«

Aber werden wir das schaffen?

»Ich bin von Natur aus optimistisch«, meint Perovich, »und es stimmt mich noch optimistischer, wenn ich die vielen Menschen sehe, die erkennen, dass es ein Problem gibt. Der pessimistische Teil in mir sagt allerdings: Je länger wir warten, desto schwieriger wird es.« Es ist jedenfalls an der Zeit, zu handeln.

DIE MACHT DES INDISCHEN OZEANS

Jakarta, die an der Nordwestküste der Insel Java gelegene Hauptstadt Indonesiens, nimmt vorweg, was durch die vom Albedo-Feedback-Loop beschleunigte Eisschmelze und den damit verbundenen Anstieg des Meeresspiegels allen besiedelten Küstenregionen droht. Die Stadt, die mehr Einwohner als New York hat, könnte bereits in weniger als zehn Jahren dauerhaft unter Wasser stehen und damit unbewohnbar werden.

Zehn Millionen Menschen leben in Jakarta selbst, dreißig Millionen im Großraum der Metropole, und die meisten von ihnen schützt nur noch eine Mauer vor der Überflutung ihres Heims. Eine Mauer, gegen die außen die Wellen des indischen Ozeans schwappen und die innen schon so brüchig ist, dass alle, die sie sehen, am liebsten das Weite suchen – inklusive der indonesischen Regierung, die bereits eine Übersiedlung der Hauptstadt auf die Insel Borneo plant. Durch zahlreiche Lecks und Risse sickert das Wasser und durch den beharrlich steigenden Meeresspiegel des indischen Ozeans wächst der Druck auf sie.

Die Versuche der Stadt, ihre Bewohner zu schützen, wirken im Vergleich zur Macht der Naturgewalten schon jetzt hilflos. Vor einigen Jahren noch war die Mauer 1,5 Meter hoch, inzwischen sind es zwei Meter, doch selbst das reicht nicht mehr. Bei starkem Regen überflutet eine dunkelbraune Brühe aus Meerwasser, Regenwasser und Dreck die Häuser. Am stärksten davon betroffen sind die Ärmsten in den Küstenvierteln im Norden Jakartas. Sie sind es inzwischen gewohnt, das Essen für ihre Kinder mindestens knöcheltief im Wasser stehend zuzubereiten.

Zwanzig Prozent der Fläche Jakartas liegen bereits unterhalb des Meeresspiegels. Auch andere an Küsten, in Deltas und in Lagunen gelegene Städte werden die Meere eines Tages verschlingen, wenn die Eis- und Schneeschmelze so weitergeht. Dass Jakarta dabei schon jetzt in einer Phase ist, die zum Beispiel die Venezianer noch als düsteres Zukunftsszenario verdrängen können, hat einen einfachen Grund. Während der Meeresspiegel steigt, sinkt die Stadt, und zwar unglaublich schnell. In den wohlhabenden Vierteln kommt die Stadtverwaltung kaum damit nach, Asphaltschicht um Asphaltschicht auf die Straßen aufzutragen, um das Niveau zu halten, und manches Apartment, dessen Bewohnerinnen und Bewohner vor einigen Jahren noch auf die Straße herabblicken konnten, liegt jetzt Souterrain.

Der Grund dafür hat mit dem Wachstum der Stadt in den vergangenen Jahrzehnten und den dabei begangenen Umweltsünden zu tun. Für eine vernünftige Stadtplanung blieb keine Zeit, weshalb jetzt Asphalt und Beton fast jeden Quadratmeter bedecken. Verhängnisvoll ist das besonders in der für Jakarta typischen Kombination mit mangelnder städtischer Wasserversorgung. Viele Menschen, vor allem die ärmeren Menschen, pumpen ihr Wasser mehr oder weniger selbst an die Oberfläche. Sie höhlen damit den Boden unter ihren Füßen aus und mangels Grünflächen kann der Regen die entstandenen Hohlräume nicht füllen. Während an der Erdoberfläche der Ozean immer bedrohlicher heranflutet, sacken sie unter der Erde in sich zusammen.

Berechnen die Regierungen und Entscheidungsträger nicht endlich die Klima-Feedback-Loops in ihre Klimamodelle und -prognosen ein, werden sie sich noch wundern, wie rasch ein vergleichbares Schicksal vielen anderen Städten und Regionen droht. Erreichen die Feedback-Loops ihre Tipping Points und geraten sie damit außer Kontrolle, dann helfen gar keine Modelle, Prognosen und Pläne mehr. Dann gehen Städte wie Jakarta endgültig unter und hunderte Millionen Menschen überall verlieren ihre Heimat und müssen sich auf die Suche nach einer neuen machen.

Wir schaffen Probleme und
sobald es um Lösungen geht,
rufen wir den Himmel an? Wer hat
denn die Probleme geschaffen? Nicht
Gott, nicht Jesus Christus und nicht
Allah oder Buddha waren das.
Wir selbst waren es.

WIR KÖNNEN ES SCHAFFEN

Während meines Lebens in Tibet konnte ich mit eigenen Augen die Veränderungen meines Geburtsortes durch die Erderwärmung sehen. Als ich noch jung war, war der größte Teil des tibetischen Hochgebirges mit Schnee bedeckt. Jahr für Jahr wurde er weniger. Auch in niedrigeren Lagen schneit es immer seltener.

Ein chinesischer Ökologe hat das tibetische Plateau als den dritten Pol bezeichnet, weil es nach dem Nord- und Südpol das drittgrößte Gebiet mit gefrorenem Wasser auf dem Planeten ist. Die Gletscher des dritten Pols schmelzen mit einer Geschwindigkeit, die sich seit 2005 fast verdoppelt hat. Das tibetische Plateau ist zufällig der größte Wasserspeicher der Welt. Alle zehn großen Flüsse Asiens haben ihren Ursprung in der tibetischen Hochebene. An diesen Gewässern leben über 1,5 Milliarden Menschen – ein Fünftel der Weltbevölkerung. Ohne Wasser kein Leben. Wenn die 46.000 Gletscher Tibets weiter schmelzen, werden wir mit unvorstellbaren Wasserproblemen konfrontiert sein und wahrscheinlich wird Wasser in Zukunft zu einem Hauptgrund für Konflikte. Die Ökologie Tibets ist also wichtig.

Dementsprechend ernst ist die Lage. Durch stetiges Wachstum der Weltbevölkerung und durch unseren Umgang mit den natürlichen Ressourcen, die wir bis ins Unermessliche nutzen, erleben wir einen Klimawandel. Das ist eine neue Entwicklung, weshalb wir neue Probleme sehen, mit denen wir uns zu beschäftigen haben. In der Vergangenheit, als wir Menschen aufgrund der industriellen Revolution begannen, natürliche Ressourcen in großem Maßstab auszubeuten, blieben die Auswirkungen des menschlichen Verhaltens weniger sichtbar. Dies lag vielleicht daran, dass die Kausalkette zwischen unserem Handeln und der tatsächlichen Wirkung auf die Umwelt lang und indirekt war. Heute, mit zunehmender Bevölkerungszahl und verbreiteter Konsumkultur, ist diese Kausalitätskette viel sichtbarer geworden. Darüber hinaus bedeutet das Prinzip der Interdependenz, dass, sobald eine bestimmte Kausalkette in Gang gesetzt wird, und keine mildernden Umstände eingeführt werden, eine Art Teufelskreis entsteht, sodass die Auswirkungen unseres Handelns mit einer eigenen Dynamik verstärkt werden. Das ist die Realität, in der wir heute leben.

Wir können nur hier auf dieser Erde leben

Wir müssen jetzt ein kollektives Bewusstsein dafür entwickeln, dass wir nicht einfach weitermachen können wie in den vergangenen tausend Jahren. Wir brauchen einen breiten Konsens dafür, dass wir aufgrund der Erderwärmung über die Erhaltung verschiedenster Ökosysteme nachdenken müssen. Wir müssen uns klar darüber werden, wie unglaublich wichtig das ist.

Wir wissen bereits alle, dass in der nördlichen Hemisphäre aufgrund der Erderwärmung der Schnee und das Eis immer schneller schmelzen. Wir wissen auch, dass das mit schwerwiegenden Konsequenzen für den ganzen Planeten einhergeht, und nun haben wir erfahren, dass die Klima-Feedback-Loops dabei eine entscheidende Rolle spielen.

All die Informationen, Bilder und Grafiken, die Wissenschaftler zu diesem dringenden Thema bereitstellen, sind extrem nützlich. Als nächstes müssen wir aber die Frage beantworten, wie wir die gefährdeten Regionen schützen können. Was können wir gegen das Schmelzen des Eises und gegen all die anderen Probleme tun?

Wir wissen, was wir sollten und müssten

Wir wissen zum Beispiel, dass wir all unsere Aufmerksamkeit und Anstrengungen dem Schutz unserer Wälder widmen sollten und müssten. Wir sollten und müssten gegen ihre Rodung kämpfen. Wir sollten und müssten uns aktiv dafür einsetzen, diese Ökosysteme zu erhalten.

Wir wissen auch, dass wir dazu vor allem auf fossile Brennstoffe verzichten und auf saubere, nachhaltige Energie setzen sollten und müssten. Doch die wenigsten Menschen wollen darüber nachdenken, was sie selbst tun sollten oder müssten, um die Umwelt und die Ökosysteme zu schützen.

Schließlich haben wir tausende, ja eigentlich Millionen Jahre lang unser Leben und unsere Heimat, die Erde, als selbstverständlich gesehen. Nun werden die Dinge immer ernster, und trotzdem betrachten wir unsere Art zu leben nach wie vor als unabänderlich, was ein schwerer Fehler ist.

Mit wachsenden Problemen verfallen wir Menschen dann oft in das gleiche Muster. Wir wenden uns an Gott, Jesus Christus, Buddha oder Allah, doch Beten reicht in einer Situation wie dieser nicht. Wir können uns nicht auf höhere Mächte verlassen.

Wenn wir Gebete als unsere primäre Reaktion
wählen, machen wir es uns zu einfach.

Wir schaffen Probleme und sobald es um Lösungen geht, rufen wir den Himmel an? Wer hat denn die Probleme geschaffen? Nicht Gott, nicht Jesus Christus und nicht Allah oder Buddha waren das. Wir selbst waren es. Deshalb liegt es auch an uns, die Probleme, die wir geschaffen haben, zu lösen. Buddha hat das selbst klargestellt, als er sagte, dass ein Mensch immer sein eigener Meister ist. Die Dinge hängen von unserem eigenen Denken und unseren eigenen Handlungen ab. Wir brauchen also einen grundlegenden Wandel in unserem Bewusstsein. Und wir brauchen einen erneuerten Willen zum Handeln.

Pflanzen wir Bäume!

Eine Sache, die wir tun können, und die sehr wichtig ist, ist auch sehr einfach. Wir können mehr Bäume pflanzen, die Welt also wieder begrünen, statt ihr die Bäume zu nehmen. Schon das kann die Situation ein wenig verbessern.

Wir haben mit Sonnen- und Windenergie bereits saubere Alternativen zur Energie aus fossilen Brennstoffen. Wir haben auch Erfahrung im Umgang mit beiden. Wir kennen sie und wissen sie zu verwenden.

Einer meiner Träume, vielleicht ein unmöglicher Traum, ist es, das solare Potenzial von Orten wie der Sahara und Zentralaustralien zu nutzen, um mithilfe von Solarenergie Entsalzungsanlagen anzutreiben. Dadurch könnte Wasser erzeugt werden, um karge Gebiete in grünes Land zu verwandeln und Nahrungsmittel anzubauen. Dies wäre ein Beitrag zu einer nachhaltigeren Wirtschaft. Es ist ein Projekt, das weitreichende Vorteile hätte und nur in einem Umfang funktionieren würde, der eine globale Zusammenarbeit erfordert.

Mag sein, dass das noch Wunschvorstellungen sind, aber ich habe diesen Traum und ich sehe Möglichkeiten, dass er eines Tages Wirklichkeit wird.

Die jungen Menschen haben eine Chance

Das Bewusstsein, dass es braucht, um die Wichtigkeit dieser Schritte zu erkennen, ist meiner Meinung nach eine Frage der Bildung. Ich denke, wir müssen uns jetzt weiterbilden und Wissenschaftler sollten viel öfter die Gelegenheit bekommen, ihre Sicht der Dinge zu erklären und ihr Wissen mit uns allen zu teilen. Solch eine Bildung sollte nicht nur den Ursprung der Probleme behandeln, sondern auch die Lösungen, die wir als Individuen und als Gemeinschaft anwenden können. Denn durch Bildung und durch eine junge Anführerin wie Greta können wir den Ernst der Lage vermitteln und künftige Generationen auf die kommenden Herausforderungen vorbereiten oder sie vielleicht sogar vor ihnen schützen.

Ich habe mich aus politischen Aktivitäten zurückgezogen. In dieser Hinsicht bin ich bereits im Ruhestand. Doch ich sehe es immer noch als meine Verpflichtung, alles zu tun, um der Menschheit zu dienen, insbesondere auch, um das Bewusstsein für die Umwelt zu wecken. Ich glaube, dass ehemalige Staats- und Regierungschefs nach der Pensionierung eine wunderbare Gelegenheit haben, für die Menschheit als Ganzes zu sprechen, über das Wohl ihrer eigenen Bürger hinaus. Ich traf zum Beispiel den ehemaligen amerikanischen Präsidenten, Barack Obama. Nachdem wir einige wichtige Themen besprochen hatten, sagte ich zu ihm: »Du bist jünger als ich. Also trage bitte du nach mir diese Ideen unaufhörlich weiter«. Er versprach es mir.

Anführerinnen und Anführer, Aktivistinnen und Aktivisten und junge Menschen wie Greta sind jetzt besonders wichtig. Deshalb sage ich zu dir, Greta, die du noch jünger bist: Bitte trage die Verantwortung, die du gegenüber der Menschheit hast, weiter und wahre diese Ideen. Bitte mach unaufhörlich damit weiter.

Wir müssen gemeinsam eine Bewegung schaffen, die soziale Normen verändert. Das ist nicht einfach. Doch es ist die Aufgabe, die jetzt zur Erledigung ansteht. Eine andere Option gibt es nicht.

HANDELN BEDEUTET AUCH, UNS ZU BILDEN

Ehe wir nun noch genauer darauf eingehen, was jetzt zu tun ist, möchte ich etwas klarstellen: Ich allein habe für den Kampf gegen den Klimawandel weder Menschen mobilisiert noch eine Bewegung geschaffen. Was die *Fridays for Future* erreicht haben, habe ich gemeinsam mit Millionen anderen Menschen erreicht, mit Menschen aller Altersgruppen, vor allem aber mit jungen Menschen.

Handeln bedeutet gerade in unserer Zeit, in unserer Phase der Entwicklung aber auch, uns zu bilden. Wir müssen anfangen, über den Klimaschutz zu sprechen und uns zu diesem Zweck darüber zu informieren. Wir müssen verstehen, was gerade mit unserem Planeten geschieht und was nicht mit ihm geschieht. Nur so können wir als Gesellschaft das Bewusstsein entwickeln, das es jetzt braucht.

Wenn ich Sie alle als Leserinnen und Leser dieses Buches um etwas bitten darf, dann bitte ich Sie darum, sich in Sachen Umwelt, Klimawandel und Feedback-Loops weiterzubilden.

Versuchen Sie, so viel wie möglich zu lernen und in Erfahrung zu bringen. Es gibt eine schier unbegrenzte Menge an Informationen, die uns allen frei zugänglich ist. Nutzen Sie die Quellen, teilen Sie Ihr Wissen mit anderen und verbreiten Sie ein Bewusstsein, das dem Wohl dieses Planeten dient.

Wir müssen gemeinsam eine Bewegung schaffen, die soziale Normen verändert. Das ist nicht einfach. Doch es ist die Aufgabe, die jetzt zur Erledigung ansteht. Eine andere Option gibt es nicht. Nur wenn wir genügend Menschen sind, die eine solche Veränderung fordern, haben wir eine Chance. Nur dann müssen die Mächtigen dieser Welt unsere Forderungen ernst nehmen. Nur dann können sie nicht länger weghören und wegsehen.

Natürlich müssen wir auch konkrete Lösungsansätze besprechen, wie das auf den folgenden Seiten dieses Buches geschehen wird.

In Wirklichkeit haben wir gar nicht mehr die Möglichkeit, zwischen verschiedenen Arten von Lösungen zu wählen. Wir müssen jetzt schlicht alles tun, was wir nur irgendwie tun können, um damit die Natur wiederherzustellen.

Wir können es in dem Bewusstsein tun, dass die Wiederherstellung der Natur nicht nur die Klimakrise, sondern auch viele andere Krisen lösen wird. Die Biodiversitätskrise etwa, also den schnellen Verlust von Tier- und Pflanzenarten, Landschaften und damit der genetischen und biologischen Vielfalt. Um das zu schaffen, müssen wir die Art und Weise, wie wir die Natur wahrnehmen, verändern. Wir müssen ihr wieder mehr Bedeutung geben.

DORT BEGINNEN, WO WIR SIND

Wir müssen uns der Klima-Feedback-Loops bewusst sein, wir müssen über sie sprechen und wir müssen handeln – jetzt. Sie sind so enorm, dass wir uns klein fühlen, zu klein, um etwas dagegen zu tun. Aber jeder von uns, einzeln und gemeinsam, kann etwas bewegen.

Jeder, der dieses Buch liest, startet mit unterschiedlichen Fähigkeiten, Leidenschaften, Kenntnissen und Erfahrungen. So wie die Klimakrise jeden Bereich unseres Lebens berührt, hat jeder von uns seinen Platz in dieser Bewegung. Und wenn Sie daran interessiert sind, etwas zu tun, können wir Ihnen versichern, dass es unabhängig von Ihrem Wohnort Lehrer, weise Ältere und junge Aktivisten gibt, die Sie anleiten und begleiten werden. Sie sind nicht allein.

Dieses Buch soll dabei nicht nur zum Aufwachen ermutigen und mit der Weisheit der Erfahrung, des Wissens, der Erkenntnis und einem brennenden Herzen zum gemeinsamen Kampf ums Überleben inspirieren, es soll auch ein Licht sein, das uns auf den Weg in eine Zukunft führt, die wir lieben und auf die wir stolz sein können.

Wir dürfen nie vergessen, dass die Erde ein lebendiges und vernetztes System ist. Wir können diese Tatsache nicht einfach ignorieren und uns den Auswirkungen dieser Wahrheit nicht entziehen. Wenn wir erst einmal wirklich verstehen, dass wir zu keiner Zeit und in keiner Weise von der Erde getrennt sind, wenn wir verstehen: Was wir der Erde antun, tun wir uns selbst an und was wir von der Erde nehmen, nehmen wir uns selbst, dann wird es eine grundlegende Verschiebung geben.

Diese Verschiebung wird nicht nur in unserer Wahrnehmung und unserer Einstellung stattfinden, sondern auch in unserer emotionalen Verbindung mit der Erde, unserem einzigen Zuhause. Es wird den Weg zu einem tieferen Verständnis des Ursprungs unserer aktuellen Klimakrise ebnen, sowie unsere Fähigkeit verstärken, Lösungen zu sehen. Hierin liegt das Versprechen von Möglichkeiten und einer besseren Zukunft für alle.

Einige mögen argumentieren, dass wir viele andere, dringendere Herausforderungen zu bewältigen haben. Krieg, Armut, Flüchtlingskrise, Wasserknappheit und so weiter. Und dass wir unsere Aufmerksamkeit nicht von diesen unmittelbaren Krisen ablenken können, um uns auf die Klimakrise zu konzentrieren. Andere könnten sagen, dass die Klimakrise angesichts der enormen Herausforderungen ein Problem ist, das nur auf der Ebene der Regierungen der Welt und der internationalen Gemeinschaft angegangen werden kann und wir als Individuen machtlos sind.

Die Antwort darauf lautet: Wir haben einfach nicht den Luxus der Zeit, um auf etwas zu warten, das andere vielleicht einmal tun. Die in diesem Buch skizzierten neuen Erkenntnisse über die Klima-Feedback-Loops machen die Dringlichkeit der Sache eindrucksvoll deutlich. Wir bitten Sie also, sich die Botschaften dieses Buches zu Herzen zu nehmen: Jeder von uns kann etwas gegen die Klimakrise tun.

Wir wissen dank der Wissenschaftler über die Ursachen und Bedingungen der Krise Bescheid. Seit kurzem zeigen uns auch Wissenschaftler, welche Lösungen wir anwenden können, um die Natur auf einen Kurs der Selbstheilung zu bringen. Lassen Sie uns jetzt, jeder von uns, den nötigen Willen aufbringen und handeln.

Im Folgenden bieten wir Ihnen einige Vorschläge, die Sie dazu inspirieren sollen, ein Champion für den Planeten Erde, all seine Lebewesen und natürlichen Ressourcen zu sein.

Die folgenden Punkte sollen ein Ausgangspunkt sein, um Ihre Fantasie anzuregen und um auf andere Ideen zu kommen. Beginnen Sie dort, wo Sie sind, genau hier, jetzt.

- Führen Sie sich jeden Tag vor Augen, dass Ihre Einstellung, Ihre Worte und Ihre Taten einen Unterschied im Kampf gegen die Umweltzerstörung und die Bewältigung des Klimawandels bewirken können.
- Pflegen Sie innere Widerstandskraft, um mit überwältigenden Gefühlen (Öko-Angst) umgehen zu können und sich stärker mit Ihrem Herzen und Ihrem Verstand mit anderen zu verbinden.
- Nehmen Sie an regelmäßigen kontemplativen Praktiken teil.
- Meditation kann Ihnen helfen, sich zu erden und einen klaren Kopf zu bekommen. Außerdem kann

Meditation die Einsicht in den Ursprung der Realität, und wie wir alle miteinander verbunden sind, fördern.

- Mitgefühlspraktiken können Ihr Herz und Ihr Gefühl der Verbundenheit mit anderen öffnen, auch mit denen, die anders und weniger privilegiert sind.
- Auch ein Gebet kann Ihnen Auftrieb geben und Sie mit Ihrer Spiritualität verbinden.
- Erlauben Sie sich, traurig zu sein, während Sie mit der aktuellen Realität der Klimakrise konfrontiert sind. In einem inneren Raum der Traurigkeit werden Sie nicht taub sein oder leugnen, was passiert. Vielmehr können Sie authentisch und erfrischt heilen, fühlen und sich weiterentwickeln.
- Entfachen Sie eine Verbindung mit der Natur.
- Erkennen Sie, dass die Erde lebt und wir Teil ihres lebenden Systems sind. Jeder Mensch, jedes Tier und jedes Insekt, jede Pflanze, jeder Baum und jede Mikrobe – alle sind Teil einer erstaunlichen Erdfamilie. Erst unsere Verbundenheit untereinander macht uns zu einer Familie.
- Legen Sie einen Garten an.
- Umweltaktivistin Vandana Shiva sagt: »Sich um die Erde zu kümmern bedeutet, sein ganzes Wesen in den Dienst der Erde als Lebewesen zu stellen. Und das bedeutet, dass Sie mit der Erde vertraut sein müssen.« Stecken Sie Ihre Hände in den Dreck und spüren Sie Ihre Füße auf dem Dreck.

- Pflanzen Sie Bäume. Vermeiden Sie das Fällen von Bäumen, insbesondere von großen, alten Bäumen.
- Schaffen Sie Gelegenheiten für Ihre Gemeinschaft, um zusammenzukommen und der Natur zuzuhören und sie zu ehren.
- Sprechen Sie mit anderen: Familie und Freunden, Glaubensführern, Gemeinde- und Wirtschaftsführern, Lehrern und Schulbehörden.
- Helfen Sie anderen, sich selbst verstärkende Klima-Feedback-Loops zu erkennen. Zeigen Sie ihnen, dass es Dinge gibt, die sie tun können, um diese Loops rückgängig zu machen.
- Unterstützen Sie Umweltschutzorganisationen. Zum Beispiel jene, die alte Wälder schützen, sich für den Schutz indigener Gebiete mit komplexer Biodiversität einsetzen, Landschutzgebiete schützen und erweitern oder Alternativen zu fossilen Brennstoffen bereitstellen.
- Beachten Sie, was Sie konsumieren und nehmen Sie Änderungen vor, um Ihren Kohlendioxid-Fußabdruck zu minimieren.
- Essen Sie bewusst Vollwertkost von lokalen Bauernhöfen und Gärten. Hören Sie auf, Lebensmittel aus Massentierhaltung zu essen.
- Nutzen Sie erneuerbare Energiequellen wie Sonne und Wind und investieren Sie in sie.
- Vermeiden Sie es, bei ausbeuterischen Megakonzernen, denen es an umweltbewussten Praktiken

und Produkten mangelt, einzukaufen und zu investieren.

- ◎ Verwenden Sie Transportmittel mit geringem Kohlendioxid-Fußabdruck.

- ◎ Finden Sie Alternativen zum Autofahren: Gehen Sie zu Fuß, fahren Sie Fahrrad oder verwenden Sie öffentliche Verkehrsmittel.

- ◎ Wenn Sie Auto fahren, verwenden Sie Elektro- oder Hybridfahrzeuge. Organisieren Sie Fahrgemeinschaften oder nutzen Sie Carsharing.

- ◎ Reduzieren Sie Flugreisen.

- ◎ Reduzieren Sie Abfall und betreiben Sie Wiederverwendung und Recycling.

- ◎ Machen Sie Freunde und Bekannte auf dieses Buch aufmerksam.

- ◎ Schließen Sie sich jenen an, die von den Regierungen der Welt ein gemeinsames Vorgehen gegen den Klimawandel verlangen, etwa im Rahmen der Vereinten Nationen.

- ◎ Und nicht zuletzt: Gehen Sie wählen! Wählen Sie Staats- und Regierungschefs, die verstehen, dass die Klimakrise ein großes Problem ist. Klimawissenschaftler sind sich einig, dass das Wählen klimabewusster Anführer das Wichtigste ist, was wir alle tun können. Und machen Sie Führungskräfte dafür verantwortlich, wissenschaftsbasierte Richtlinien zu unterstützen.

Abschließend hoffen wir, dass dieses Buch Ihr Bewusstsein für Klima-Feedback-Loops geschärft hat und Sie die Kraft eines Gesprächs zum Beitritt einer größeren Bewegung inspiriert hat. Jetzt ist es an der Zeit, Gespräche zu führen und Teil dieses leistungsstarken, vernetzten Systems zu sein. Egal, wer Sie sind, wo Sie leben oder welche Politik Sie verfolgen, Sie können einen Unterschied machen. Diese gemeinsame Reise, die Feedback-Loops umzukehren, kann zutiefst bedeutungsvoll und sogar mit Freude erfüllt sein. Wenn Sie sich dieser Bewegung anschließen, werden Sie ihre eigenen Feedback-Loops erschaffen, mit geschickten Gesprächen und einer neuen Bestimmung, und diese Loops werden sein wie eine kühle Brise in der Hitze unserer unruhigen Welt.

Susan Bauer-Wu und Thupten Jinpa

ANHANG

Die Herausgeber:

Susan Bauer-Wu, PhD, RN, FAAN ist Präsidentin des *Mind & Life Institute*, einer in den USA ansässigen gemeinnützigen Organisation mit einem großen globalen Netzwerk, das Wissenschaft und kontemplative Weisheit vereint, um positive Veränderungen in der Welt zu bewirken. Sie begann ihre Karriere als examinierte Krankenschwester und promovierte später mit dem Schwerpunkt Psychoneuroimmunologie. Sie hatte Führungs-, Forschungs- und Dozentenpositionen im Gesundheitswesen und in der Hochschulbildung an der *University of Virginia*, der *Emory University* und der *Harvard Medical School* inne. Neben vielen wissenschaftlichen Veröffentlichungen verfasste sie ein Buch für die Laienöffentlichkeit, *Leaves Falling Gently: Living Fully with Serious and Life-Limiting Illness through Mindfulness, Compassion, & Connectedness*.

Thupten Jinpa, PhD, ist seit 1985 der wichtigste Englisch-Dolmetscher des Dalai Lama und hat zahlreiche Bücher des Dalai Lama übersetzt und herausgegeben. Er erhielt seine frühe Ausbildung zum Mönch und erwarb den *Geshe Lharam*-Abschluss am *Shartse College* der *Ganden Monastic University* in Südindien. Darüber hinaus hält Jinpa einen B.A. in Philosophie und einen Ph.D. in Religionswissenschaft, beide von der *University of Cambridge*. Derzeit in Kanada wohnhaft, ist er Gründer und Präsident des *Institute of Tibetan Classics*, Gründer des *Compassionate Institute* und ist Vorstandsvorsitzender des *Mind & Life Institute*.

Mitwirkende:

Susan Natali, PhD leitet das Arktis-Programm am *Woodwell Climate Research Center*. Sie untersucht die Folgen des Klimawandels in der Arktis mit einem Schwerpunkt auf Permafrost-Tau und Lauffeuer, sowie die globalen Auswirkungen dieser Veränderungen. Ihre Arbeit lieferte bahnbrechende Messungen der Treibhausgasemissionen beim Auftauen von Permafrost. Sie arbeitet auch mit lokalen Gemeinschaften in der Arktis zusammen, die sich an die Auswirkungen eines sich schnell erwärmenden Klimas und einer sich dramatisch verändernden Landschaft anpassen müssen. Dr. Natali setzt sich dafür ein, dass sowohl die menschlichen als auch die klimatischen Auswirkungen des raschen arktischen Wandels in das öffentliche Verständnis und die globale Politik einbezogen werden.

Diana Chapman Walsh, PhD, ist emeritierte Präsidentin des *Wellesley College*, einer renommierten US-amerikanischen Frauenuniversität. Sie ist Senior Advisor des *Center for Innovation in Global Health* an der *Stanford University*, emeritiertes Mitglied der *MIT Corporation*, Mitbegründerin des *Council on the Uncertain Human Future* und ehemaliges Vorstandsmitglied des *Mind & Life Institute*, des *Broad Institute* (Chair), der *Kaiser Family Foundation*, dem *Institute for Healthcare Improvement*, der *State Street Corporation* und dem *Amherst College*. Sie ist Mitglied der *American Academy of Arts and Sciences* und ehemalige Professorin und Lehrstuhlinhaberin an der *Harvard School of Public Health*.

Barry Hershey ist ein Filmemacher, der acht Filme geschrieben und inszeniert hat. Er war in verschiedenen Funktionen an zwei Dutzend anderen Filmen beteiligt, unter anderem als ausführender Produzent von *The Dalai Lama – Scientist*. Zuletzt produzierte er den Dokumentarfilm *Climate Emergencies: Feedback Loops* sowie den einstündigen Fernsehfilm *Earth Emergency*. Er erhielt seinen MFA von der

University of Southern California, School of Cinematic Arts. Derzeit arbeitet er an einem fiktiven Drehbuch, *Shadowpoem*. Er ist seit über dreißig Jahren am *Mind & Life Institute* beteiligt und wurde 2012 in dessen Vorstand aufgenommen.

William R. Moomaw, PhD, ist emeritierter Professor für internationale Umweltpolitik an der *Fletcher School* der *Tufts University* und Gastwissenschaftler am *Woodwell Climate Research Center* in Massachusetts. Er promovierte in Chemie und arbeitete an Lösungen für den Ozonabbau in der Stratosphäre, während er für den Kongress der Vereinigten Staaten arbeitete. Anschließend arbeitete er zwanzig Jahre lang an Strategien und Technologien zur Verlangsamung des Klimawandels und war Hauptautor von fünf Berichten des Weltklimarats (IPCC). Derzeit arbeitet er an natürlichen Lösungen für den Klimawandel, die Wälder und Feuchtgebiete schützen und wiederherstellen sollen.

Bonnie Waltch ist Produzentin, Regisseurin und Autorin für Dokumentarfilme und Museumsausstellungsmedien. Sie produzierte und schrieb *Climate Emergency: Feedback Loops*, auf dem die wissenschaftlichen Kapitel dieses Buches basieren. Zu ihren weiteren Arbeiten gehören die einstündige internationale Fernsehdokumentation *Earth Emergency, Super Reefs: The Future of Coral* für die *Woods Hole Oceanographic Institution* und Ausstellungsmedien für mehrere Museen. Sie hat Fernsehprogramme für *Nova/BBC, Scientific American Frontiers* und *Discovery Channel* produziert und geschrieben.

Sie war auch Executive Director von *Filmmakers Collaborative*, einem gemeinnützigen Finanzsponsor. Sie hat einen B.A. in Semiotik von der *Brown University*.

Susan Gray ist die Regisseurin und Co-Autorin von *Climate Emergency: Feedback Loops* und *Earth Emergency*. Sie begann ihre Karriere als umweltpolitische Aktivistin und dreht seit 25 Jahren Dokumentarfilme über die drängenden gesellschaftlichen Fragen unserer Zeit. Ihre Filme wurden für den *Adolf-Grimme-Preis* und den *Emmy-Preis* nominiert, sie gewann den *Prix Europa* und den *Best of Input*. Sie arbeitet von Italien und den Vereinigten Staaten aus und dreht weiterhin Filme für die weltweite Ausstrahlung. Susan hat einen Master-Abschluss der *Columbia School of Journalism* und der *Johns Hopkins School of Advanced International Studies in Social Change and Development*.

»Wir können die Welt nicht retten, indem wir uns an die Spielregeln halten. Die Regeln müssen sich ändern, alles muss sich ändern, und zwar heute.«

Greta Thunberg

»Was wir dringend brauchen, ist ein Gefühl der Einheit der Menschheit, ein Gefühl des kollektiven ›Wir‹, das die gesamte Menschheit umfasst.«

Dalai Lama